AF649433

Auslandswegweiser
Herausgegeben von dem
Hamburgischen Welt-Wirtschafts-Archiv
(Zentralstelle des Hamburgischen Kolonialinstituts)
und dem Ibero-amerikanischen Institut
2. Band

Gesundheitlicher Ratgeber für Auswanderer

zusammengestellt vom

Institut für Schiffs- und Tropenkrankheiten zu Hamburg

Mit 5 Abbildungen
1.—5. Tausend

Hamburg
L. Friederichsen & Co.
1920

Alle Rechte vorbehalten, insbesondere das Übersetzungsrecht.
Copyright 1919 by
L. Friederichsen & Co., Hamburg

Druck von J. J. Augustin in Glückstadt und Hamburg

Vorwort

In einem „Auslandswegweiser", der die voraussichtlich sehr zahlreichen Deutschen, die jetzt in fremde Länder werden auswandern wollen, über das, was sie „drüben" erwartet, unterrichten soll, darf auch ein gesundheitlicher Ratgeber nicht fehlen. Wir haben aber davon Abstand genommen, die einzelnen Auswanderungsgebiete, wie dies sonst in diesem Wegweiser geschehen ist, getrennt zu besprechen. Es hätten sich dabei doch nur ganz allgemeine und oberflächliche Übersichten geben lassen, die auf den Einzelfall nicht immer zutreffen würden. Auch den Gedanken, etwa die einzelnen Unterarten des Sammelbegriffes „Tropenklima", also etwa das feuchte, gleichmäßige Küstenklima, das durch größere jahreszeitliche und tägliche Temperaturschwankungen ausgezeichnete Binnen- und Höhenklima, das Steppen- und Wüstenklima usw. gesondert zu besprechen, haben wir nach reiflicher Überlegung aus denselben Gründen fallen gelassen. Es schien uns wichtiger, die fremdartigen Krankheiten, die den Auswanderer in den meisten noch wenig oder gar nicht besiedelten Gebieten der wärmeren Länder erwarten, ausführlicher zu erörtern. Dabei sind wir mehr auf die Behandlung eingegangen, als es in Büchern, die für Laien in der Heimat bestimmt sind, üblich ist. Kurpfuscher wollen wir dadurch natürlich nicht züchten, wir raten vielmehr jedem, dort, wo Ärzte zu erreichen sind, sich sobald als möglich an diese zu wenden. Aber der Auswanderer muß eben auch häufig sich ohne Arzt behelfen können. Angefügt sind noch einige allgemeine Bemerkungen über die gesundheitlichen Vorbedingungen für die Auswanderung, über die hygienischen Lebensregeln, ferner noch ein kurzes Kapitel über die erste Hilfe bei Unfällen. So ist das Büchlein nicht zu lang geworden und wird hoffentlich doch vielen Nutzen bringen. Mitgearbeitet haben an dem Büchlein außer dem Unterzeichneten die folgenden Mitglieder des Instituts für Schiffs- und Tropenkrankheiten Prof. Dr. Fülleborn, Dr. Martini, Prof. Dr. Mayer, Prof. Dr. Mühlens.

Prof. Dr. Nocht,

Direktor des Instituts für Schiffs- und Tropenkrankheiten.

Dem Institut für Schiffs- und Tropenkrankheiten zu Hamburg 4 Bernhardstr. 74 ist eine hygienische Beratungsstelle für Auswanderer angegliedert; ein tropenhygienisches Museum ist dort in Vorbereitung.

An Tropenkrankheiten Leidende finden fachärztliche Behandlung in der Krankenabteilung des genannten Institutes sowie in dem dem Missionsärztlichen Institute zu Tübingen angegliederten Tropengenesungsheim. Außerdem gibt es in vielen größeren Städten Deutschlands Fachärzte für Tropenkrankheiten.

Inhaltsverzeichnis

1. Gesundheitliche Tauglichkeit zum Auswandern Ausreise und Ausrüstung

Wer sich zur Auswanderung entschließt, muß sich darüber klar sein, daß er, mögen die Gesundheitsverhältnisse des künftigen Aufenthaltslandes mehr oder weniger günstig sein, es dort nur zu etwas bringen kann, wenn er im Wettbewerb des Lebens nicht durch körperliche oder geistige Gebrechen behindert wird. Viele Staaten unterwerfen die zuziehenden Einwanderer bei der Ankunft einer genauen ärztlichen Untersuchung und weisen nicht nur alle zurück, die an augenfälligen ansteckenden akuten und chronischen Krankheiten leiden, sondern auch solche, deren Arbeits- und Erwerbsfähigkeit dem Lebensalter und ihrer körperlichen und geistigen Beschaffenheit nach nicht außer Zweifel steht. Länder mit weniger günstigen Gesundheitsverhältnissen, wie es vor allem die Länder der heißen Zonen sind, bringen durch die ungewohnten klimatischen Verhältnisse und durch manche in unserer Heimat unbekannte Krankheiten Gefahren, denen nur eine gute Gesundheit gewachsen ist.

Unbedingt nötig ist, daß sich der Auswanderer rechtzeitig vor der Abreise über die Gesundheitsverhältnisse des Landes, in das er gehen will, unterrichte und sich vergewissere, daß er die Anforderungen, die der Aufenthalt dort an ihn stellt, erfüllen kann. Selbstverständlich sind die Ansprüche an die körperliche Leistungsfähigkeit auch von der Art der Tätigkeit abhängig. Die Tätigkeit als Landarbeiter, die meistens in Frage kommt, erfordert die Fähigkeit zu körperlich schwerer Arbeit und Widerstandsfähigkeit gegen die Unbilden der Witterung, Kälte, Hitze, Sturm und Regen. Wer zu Rheumatismus neigt, ist nicht für die Arbeit im Freien geeignet; er gehört dahin, wo er ein seßhaftes, ruhiges Leben führen und auf seine Gesundheit achten kann. **Nur wer jung, gesund und unternehmungslustig ist, soll auswandern und nur wer arbeiten kann und will, hat Aussicht, es zu etwas zu bringen.**

Dringend zu raten ist eine Wiederholung der Schutzimpfung gegen Pocken, da diese bei uns kaum noch gekannte Krankheit in manchen Ländern Gesundheit nnd Leben bedroht. Vielfach wird die Zulassung zur Einwanderung vom Nachweise der Wiederimpfung abhängig gemacht, und die Schiffahrtsgesellschaften fordern sie deshalb oder lassen sie selbst ausführen. Ferner empfiehlt es sich, vor der Ausreise die Zähne, wenn sie nicht zweifellos gesund sind, in Ordnung bringen zu lassen, da ein mangelhaftes Gebiß die Verdauung beeinträchtigt und, namentlich unter den veränderten Lebensverhältnissen, zu Gesundheitsstörungen führen kann. Wer ein künstliches Gebiß hat, sollte für Länder, in denen er nicht mit Sicherheit auf zahnärztliche Hilfe rechnen kann, ein Ersatzgebiß mitnehmen. Besondere Anforderungen an die Gesundheit stellt der Aufenthalt in den Tropen. Wer dorthin gehen will, muß sich erst durch eine sorgfältige ärztliche Untersuchung die Gewißheit verschaffen, daß er dafür geeignet ist und daß er das gegen Malaria unentbehrliche Chinin vertragen kann.

Dringend ist davor zu warnen, vor der Abreise, besonders im Einschiffungshafen, aber auch unterwegs und in den angelaufenen Häfen, Ausschweifungen zu begehen, vor allem nicht solche geschlechtlicher Art. Die Gefahr der Ansteckung mit diesen gefährlichen und schwer heilbaren Krankheiten ist sehr groß, die damit behafteten Personen sind in ihrer Arbeitsfähigkeit mehr oder weniger beschränkt, meist werden sie überhaupt nicht zur Einwanderung zugelassen.

Vor der Einschiffung wird nach den in Deutschland geltenden gesetzlichen Vorschriften jeder Auswanderer amtsärztlich untersucht; mit ansteckenden Krankheiten behaftete und solche, die nicht kräftig genug sind, um ohne Gefahr die Reise unternehmen zu können, werden zurückgehalten.

Die Schiffsreise selbst versetzt den Auswanderer unter Lebensbedingungen, die von den in der Heimat gewohnten beträchtlich abweichen und für den Gesundheitszustand nicht gleichgültig sind. Es ist daher dringend abzuraten, den Abschied vom Lande übermäßig zu feiern und mit einer Verdauungsstörung die Reise anzutreten. Zum mindesten würde dadurch der Seekrankheit der Boden bereitet werden. Maßhalten ist gegen dieses Übel die beste Vorbeugung; im übrigen ist ratsam, sich soviel wie möglich an der frischen Luft auf Deck und nicht im Innern des Schiffes aufzuhalten. Jedes überseeische zur Beförderung von Auswanderern oder von mehr als 50 Reisenden dienende Schiff muß einen Arzt mitnehmen, der zur unentgeltlichen Behandlung der Reisenden der dritten Schiffsklasse und des Zwischendecks verpflichtet ist. Man versäume nicht, sich im Falle von Erkrankungen und auch schon bei ernsterem Unwohlbefinden so früh wie möglich an ihn zu wenden.

Für die Beköstigung an Bord wird vom Schiffe gesorgt; sie ist durch gesetzliche Vorschriften geregelt. Zur Bekleidung empfiehlt sich die Mitnahme von warmem Zeug für die Seereise zum Schutz gegen Wind, Wasser und Kälte. Auch bei der Fahrt in wärmere Gegenden nehme man nicht gleich zu leichte Kleidung und lasse nicht ohne weiteres die Unterkleidung fort, wenn man daran gewöhnt ist. Durch Erkältung hervorgerufene Erkrankungen der Atmungs- und Verdauungsorgane sind an Bord recht häufig und lassen sich nur durch verständiges Verhalten vermeiden. Hut oder Mütze sind mit Sturmbändern zu versehen. Das Schuhwerk sei heil und fest.

Für den Aufenthalt in dem fremden Lande nehme man nicht mehr mit als unbedingt nötig: Bettzeug, Wäsche, Kleider, Decken, das notwendigste Koch- und Eßgeschirr, auch kleineres Handwerkszeug; Möbel und sonstiger Hausrat, umfangreiche berufliche Ausrüstungen erschweren und verteuern die Reise. Was man mitnimmt, sei in Kisten, Koffern und wasserdichten Reisesäcken gut verpackt. Für Gegenden ohne ärztliche Hilfe ist die Mitnahme von Arznei- und Verbandmitteln anzuraten.

Für die Hausapotheke sind vor allem folgende Medikamente zu empfehlen: salzsaures Chinin zu 0,2, 0,3 oder 0,5 g, Aspirin und Phenazetin zu 0,5 g, Doversche Pulver und Tannalbin zu 1,0 g (nimmt man diese Arzneien in Tablettenform, was sehr zu empfehlen ist, so überzeuge man sich, daß die Tabletten auch in Wasser schnell zerfallen). Ferner Rhizinusöl, Karlsbader Salz, Brustpulver, Opiumtinktur, Hoffmannstropfen, Sublimatpastillen, Lysoform, Jodtinktur, Kalium permanganicum, Salizylstreupulver und gute Mittel für Zahn- und Körperhautpflege. Endlich Maximalthermometer und Irrigator mit Reserveschlauch und Reserveansatz sowie Heftpflaster und Verbandmittel.

Zu den sonstigen in wärmeren Ländern für die Gesundheit wichtigen Ausrüstungsgegenständen gehören: Moskitonetz, Leibbinde (am besten gestrickte), Tropenhut, poröse Unterwäsche, Schutzbrille (am besten aus Uveolglas), gutes Dalmatiner Insektenpulver. Für Überlandreisen ferner: Schlafsack, Thermosflasche und wenn möglich Gummibadewanne.

Das Leben im fremden Lande muß sich dem Klima anpassen. Frühzeitiges Aufstehen und frühzeitiger Beginn der Arbeit ist namentlich in heißen Ländern empfehlenswert, da dort um die Mitte des Tages mehr oder weniger lange das Arbeiten unmöglich ist. Der Aufenthalt dort stellt an manche Organe, wie die Lungen, das Herz und die Haut größere Anforderungen als in der Heimat. Schwächliche, Herzleidende und Fettleibige sind besonders empfindlich und durch Hitzschlag und Sonnenstich gefährdet. Gegen letzteren ist geeignete Kopfbedeckung (leichte Tropenhelme mit Nackenschutz) unerläßlich. (Siehe S. 44.)

2. Malaria und Schwarzwasserfieber

In den meisten wärmeren Ländern ist die Malaria heimisch, wenn auch nicht überall gleichmäßig stark verbreitet. Gebiete, in denen sie in großer Ausdehnung und Heftigkeit herrscht, eignen sich erst nach großzügiger planmäßiger Bekämpfung der Krankheitsursachen zur Besiedelung. Wo sie aber nur in kleineren Herden und milde auftritt, soll sie den Auswanderer nicht abschrecken. Die Krankheit führt sehr viele Namen: Küstenfieber, Tropenfieber, Klimafieber, Akklimatisationsfieber, Sumpffieber, Dschungelfieber, Gallenfieber, kaltes Fieber, Wechselfieber, Paludismus, Calenturas, Chuchofieber, Intermittent fever (engl.), Koorts (holländisch) und viele andere mehr.

Die Krankheit äußert sich in Fieberanfällen, die nach kurzen, meist in allgemeiner Abgeschlagenheit, Unlust, Kopfschmerzen, Glieder- und Knochenschmerzen bestehenden Vorboten mit einem starken Schüttelfrost beginnen. Häufig ist allerdings gerade in den Tropen dieser Schüttelfrost nicht so deutlich ausgebildet, wie bei den Malariafiebern der gemäßigten Breiten, und die Kranken empfinden nur Frösteln. Schon in diesem Froststadium ist die Körpertemperatur in schnellem Anstieg bis zur Fieberhöhe[1] begriffen, bald stellt sich auch das Gefühl der Fieberhitze mit seinen Begleiterscheinungen, klopfendem, fliegendem Puls, Kopfschmerzen, leichter, häufig aber auch schwerer Benommenheit, in vielen Fällen Irrereden (Delirien) ein. Dazu beobachtet man in vielen Fällen heftiges, ja unaufhörliches Erbrechen, bei dem schließlich nur noch galliger Schleim entleert wird (daher „Gallenfieber"). Die Temperatur kann bis 40°, ja 41° und darüber steigen. Auf das Hitzestadium folgt ein starker Schweißausbruch, die Körperwärme sinkt zur Norm, häufig selbst darunter, alle bedrohlichen Erscheinungen lassen nach und der Anfall ist überstanden. Es ist aber nicht etwa Genesung eingetreten, sondern wir haben es nur mit einer fieberfreien Pause zu tun, nach deren Ablauf ein zweiter, häufig schwererer Anfall einsetzt. Dann kommt wieder eine Pause, dann der dritte dann der vierte Anfall, und so können viele Anfälle aufeinander folgen, wenn nicht eingegriffen wird und der Kranke widerstandsfähig genug ist, diese wiederholten Fieberanfälle auszuhalten. Manche Kranke erliegen schon in den ersten Anfällen und alle werden sehr bald in hohem Grade angegriffen. Das Aussehen verändert sich; die Hautfarbe wird blaß, häufig gelblich, die Lippen verlieren

[1] Die normale Körpertemperatur des Menschen beträgt als oberste Grenze 37° Celsius (98,6° Fahrenheit) in der Achselhöhle, 37,3 C im Munde und 37,5 C im After gemessen Will man Celsius-Grade in Réaumur oder Fahrenheit umrechnen, so geschieht dies nach folgenden Formeln:

$$\text{für Reaumur} \quad C = \frac{5\ R}{4}$$

$$\text{,, Fahrenheit} \quad C = \frac{F - 32.5}{9}$$

Die normale Pulszahl ist bei Erwachsenen in der Minute gegen 72 Schläge, bei Greisen 70—80, bei Kindern 120—140 Schläge.

ihre Röte, der Appetit ist vollkommen geschwunden, der bisherigen geistigen und körperlichen Frische folgt eine allgemeine Hinfälligkeit. Diese Zeichen schwerer Schädigung des Körpers dauern auch noch an, wenn die Fieberanfälle selbst fürs erste nicht mehr wiederkommen; denn der Kranke ist nach dem Aufhören des Fiebers noch nicht geheilt, auch stellt sich das Fieber, wenn man die Bekämpfung der im Körper sitzenden Krankheitsursachen nicht genügend lange fortsetzt, sehr bald wieder ein und trifft dann den geschwächten Körper um so schwerer.

Man unterscheidet nach dem Verlauf und der Zeit der Wiederkehr der Fieberanfälle drei verschiedene Arten von Malariafiebern. Zwei davon, nämlich das Tertianfieber und das Quartanfieber, sind auch in unseren Malariagegenden heimisch. In den Tropen stellen sie nur etwa 10—20% aller Malariaerkrankungen; mindestens dreiviertel aller Malariaerkrankungen sind dort auf die auf die wärmeren Länder beschränkten Tropicafieber zurückzuführen.

Die durch das Tertianfieber sowohl wie das Quartanfieber verursachten Fieberanfälle sind von verhältnismäßig kurzer Dauer, der einzelne Anfall ist in der Regel schon in 8—12 Stunden überstanden. Beim Beginn eines Anfalles von Tertian- oder Quartanfieber steigt die Temperatur unter starkem Schüttelfrost sehr schnell hoch, hält sich aber nicht lange auf dieser Höhe ,sondern fällt sehr bald wieder zur Norm ab. Beim Tertianfieber wiederholen sich die Fieberanfälle ganz regelmäßig zu derselben Tageszeit entweder täglich oder so, daß zwischen den Fiebertagen ein fieberfreier Tag verbleibt. Beim Quartanfieber beobachten wir zwischen den einzelnen Anfällen zwei fieberfreie Tage, erst am dritten Tage tritt ein neuer Fieberanfall auf. In seltenen Fällen aber haben wir es auch beim Quartanfieber mit mehreren Fieberwellen, die einander folgen, zu tun, und der Kranke hat dann entweder wie beim Tertianfieber täglich Anfälle, oder es folgt auf zwei Tage mit Fieberanfällen ein dritter fieberfreier Tag, dann kommen wieder zwei Fiebertage, dann ein fieberfreier Tag usw.

Ganz anders verläuft das Tropicafieber. Der einzelne Anfall dauert viel länger, 24—30 Stunden und darüber. Dabei steigt die Temperatur gewöhnlich nicht so schnell wie beim Quartan- und Tertianfieber, erreicht aber schließlich dieselbe Höhe (40° und mehr) und schwankt dann viele Stunden (12 bis 24 und 36 Stunden) innerhalb der Fiebergrenzen (38—41°) auf und ab, bis sich der endgültige Abfall zur Norm einstellt. Die fieberfreien Pausen sind sehr kurz, häufig dauern sie nur wenige Stunden, dann beginnt wieder ein neuer Anfall.

Bei Kindern, namentlich bei den ganz kleinen, fehlt in der Regel der Schüttelfrost im Beginn des Anfalles und zwar sowohl beim Tropicafieber, wie beim Tertian- und Quartanfieber. An Stelle des Schüttelfrostes Erbrechen, mitunter auch allgemeine Krämpfe.

Die Hände, die Füße und das Gesicht fühlen sich kühl an und färben sich bläulich. Man muß deshalb in Malariagegenden bei den Kindern, sowie sich derartige Erscheinungen zeigen, die Temperatur feststellen (Aftermessung). Oft gibt nur das Thermometer Aufschluß über diese Fieberanfälle bei Kindern.

Die Malaria wird leicht zu einem chronischen Leiden, insbesondere wenn man nach den ersten Anfällen die Krankheit nicht lange genug und nicht gründlich genug weiterbehandelt, sondern sich einbildet, wieder gesund zu sein, weil das Fieber fürs erste weggeblieben ist. Wenn die Krankheitsstoffe, die das Fieber hervorrufen, sich wieder genügend vermehrt haben, kommt es zu neuen Fieberanfällen, die man Fieberrückfälle, Rezidive, nennt. Diese Rezidive stellen sich oft in regelmäßigen, mehr oder weniger langen Zwischenräumen ein; am meisten scheint in solchen Fällen der 7. und der 21. Tag bevorzugt zu werden. Noch häufiger aber werden die Fieberrückfälle durch Gelegenheitsursachen hervorgerufen, z. B. durch Erkältungen, Durchnässungen, Jagdpartien und ähnliche Veranlassungen, bei denen man sich sehr angestrengt hat, in starken Schweiß geraten ist, oder durch Regengüsse durchnäßt wurde. Ziemlich regelmäßig pflegen auch nach alkoholischen Exzessen (Kater) Fieberrückfälle einzutreten. Allen diesen Gelegenheitsursachen folgt das Fieber in der Regel sehr bald, häufig nur wenige Stunden später. Oft hört man dann von den Kranken die Ansicht äußern, daß sie sich ihre Malaria bei solchen Gelegenheiten erworben haben, denn das Fieber sei unmittelbar darauf ausgebrochen. Das ist aber falsch, die Fieberkeime waren noch von früher her im Körper, die oben erwähnten Einwirkungen auf den Körper begünstigten aber den Ausbruch der Fieberrückfälle.

Bei unsorgfältiger Behandlung der Malaria in Gegenden, wo sie sehr bösartig und häufig ist, stellt sich u. a. Malariasiechtum (Malariakachexie) ein. Die Anfälle häufen sich, die Erholung in der Zwischenzeit bleibt aus. Das Gesicht wird erdfahl, das Weiße in den Augen gelblich, die Lippen und Ohren wachsbleich, häufige Kopfschmerzen, Appetitmangel und Verdauungsstörungen, Schwellungen an den Beinen und im Gesicht, Anschwellung des Bauches infolge von Leber- und Milzvergrößerung, zunehmende Schwäche stellen sich ein, sowie auch Unlust zu körperlicher und geistiger Tätigkeit, Gedächtnisschwäche, niedergedrückte Gemütsstimmung, die aber in einzelnen Fällen gelegentlich durch aufgeregtes Wesen, Neigung zum Skandalieren und dergl. unterbrochen werden kann. Bei Kindern häufig auch Zurückbleiben im Wachstum und in der sonstigen körperlichen, unter Umständen auch der geistigen Entwicklung.

Das wichtigste Mittel zur Bekämpfung der Malaria ist Chinin. Bei richtiger Anwendung kann man damit die Krankheit völlig beherrschen und ungefährlich machen, wenn man auch ihre

Heilung damit nicht mit einem Schlage zu erzwingen vermag. Das muß man in Verbindung mit zweckmäßiger Chininbehandlung der Zeit überlassen.

Das Chinin wird aus der Rinde des Chinabaumes, der ursprünglich in Peru heimisch war, jetzt aber in sehr vielen, dazu geeigneten, tropischen Gegenden angebaut wird, gewonnen. Früher wurde mehr die Rinde selbst in Form von Abkochungen gegen das Fieber eingenommen, jetzt fast ausschließlich die reinen Chininsalze, weiße, krystallinische, sehr bitter schmeckende Pulver. Wegen des hohen Preises des Chinins wird es häufig verfälscht; man sollte es daher nur aus zuverlässigen Quellen, z. B. aus den staatlichen Verkaufsstellen, die in vielen Ländern eingerichtet sind, beziehen. Die vielen im Ausland üblichen Geheimmittel und Patentmedizinen gegen die Malaria enthalten, wenn sie wirksam sind, immer Chinin. Man bezahlt dabei dies kostbare Mittel noch teurer, als wenn man es rein aus zuverlässiger Quelle bezieht.

Wegen seines bitteren Geschmackes wird das Chinin in der Regel in Oblaten eingehüllt genommen oder in Form von Tabletten, in Pillen oder in Kapseln eingeschlossen, verschrieben. Diese Chininmittel müssen von Zeit zu Zeit geprüft werden, ob sie in lauwarmem Wasser leicht zerfallen. Sie verhärten u. U. durch Lagern und können dann den Körper, ohne daß sie zerfallen und vom Magen und Darm aufgesaugt werden, durchwandern. Feucht gewordene Tabletten, Kapseln, Pillen usw. schimmeln leicht. Man muß deshalb in den Tropen seine Chininvorräte sorgfältig verschlossen in weithalsigen Flaschen aufbewahren.

Die wirksame Menge von Chinin, die man an einem Tage nehmen muß, beträgt bei kräftigen Erwachsenen im allgemeinen 1 g, bei schwächlichen Individuen und Frauen 0,6—0,8 g, bei Kindern unter 10 Jahren so viel halbe Dezigramme, als sie Jahre zählen, also für ein 10jähriges Kind 0,5 g. Diese Tagesgabe kann man entweder auf einmal oder in kleineren Einzelgaben einnehmen. Früher war man ganz allgemein der Ansicht, daß man das Chinin nur in voller Tagesgabe und zu ganz bestimmter Zeit, nämlich in der fieberfreien Pause nach einem Anfall, 4 oder 6 Stunden, ehe der nächste Anfall zu erwarten ist, nehmen solle. So wird in der Tat durch das Chinin, wenn die richtige Zeit getroffen ist, der Ausbruch des nächsten Anfalls verhindert. Aber wenn man sich verrechnet, der Anfall früher oder später als zu erwarten war, eintritt und man das Chinin zu früh oder zu spät eingenommen hat, wird der nächste Anfall demgemäß nicht hintangehalten, sondern tritt höchstens etwas später ein. Dazu kommt, daß die Einführung von einem Gramm Chinin auf einmal häufig starkes Ohrensausen, Schwächegefühl, Schwindel und Unfähigkeit zu geistiger oder körperlicher Arbeit im Gefolge hat. Diese lästigen Erscheinungen verringern sich, wenn man das Mittel nicht in der ganzen Tagesmenge (1 g) auf einmal nimmt, sondern in kleineren Einzelgaben (z. B. 5 mal 0,2 g) auf den Tag verteilt. Solche kleinere Chiningaben werden auch mitten im Fieberanfall vertragen. So wird es möglich, die Malariabehandlung sofort noch mitten im Anfall zu beginnen und man braucht nicht erst das Abklingen des Fiebers und eine fieberfreie Pause abzuwarten. Solches Zuwarten ist in vielen Fällen schädlich, namentlich bei Kranken mit sehr hohen Fiebergraden (über 40°) mit Hirnerscheinungen (Bewußtlosigkeit, Schwerbesinnlichkeit u. a.) und übrigens bei jeder schwereren Form der Malaria. Da gilt es den Anfall selbst durch Chinin zu brechen, sonst erliegt ihm der Kranke.

Die kleinen Einzelgaben (0,2, 0,25 und 0,3, je nach der Art der Pille, Kapsel oder Tablette) können bei schweren Fällen in den ersten 2—3 Tagen auch über die sonst bei Erwachsenen übliche Gesamttagesmenge 1 g hinaus bis zu 2 g täglich gegeben werden, bis der Anfall gebrochen ist. Dann genügen Teildosen bis zur Höhe von insgesamt 1 g täglich.

Jeder Malariakranke muß, wenn irgend möglich, zu Bett liegen, schon um das Erbrechen, das natürlich der Chininaufnahme und -wirkung sehr hinderlich ist, zu verhüten. Man kann es häufig noch dadurch mildern, daß man dem Kranken viel zu trinken (Tee, Zitronenlimonade und dergl.) gibt. Wird die erste Chiningabe erbrochen, so gebe man ¼ bis ½ Stunde später zum zweiten-, und wenn erforderlich, zum drittenmal Chinin. Die wieder erbrochenen Pulver zählen dann natürlich nicht. In ganz schweren Fällen ist allerdings das Erbrechen unstillbar. Da muß das Chinin in einer keimfreien Lösung unter die Haut eingespritzt werden. Das kann aber im allgemeinen in richtiger Weise nur ein Arzt ausführen. Ist kein Arzt zu erreichen, so muß man in solchen, übrigens seltenen Fällen immer wieder versuchen, ob das eingenommene Chinin nicht doch endlich einmal im Magen behalten wird. Wenn die Temperatur schließlich etwas abfällt, hört in der Regel auch das hartnäckige Erbrechen vorübergehend auf; diese Pause darf man nicht versäumen, sondern unverzüglich zur Einverleibung von Chinin benutzen. In ganz verzweifelten derartigen Fällen versuche man, das Chinin in Lösung dem Kranken als Klystier beizubringen. Man muß aber der Chininlösung, die man für diesen Zweck anwenden will, Opium zusetzen, weil das Chinin allein unerträglichen Stuhlzwang verursachen würde. Man löse 1—2 g salzsaures Chinin in etwa einem Wasserglas voll warmem Wassers, setze 15—20 Tropfen Opiumtinktur hinzu und gebe das Ganze als Klystier oder Eingießung. Vorausgehen muß ein Reinigungsklystier mit Wasser. Der Kranke muß versuchen, die Chininlösung ganz oder mindestens möglichst lange bei sich zu behalten. Wenn das Chinin aus dem Magen oder Darm in den Körper aufgenommen worden ist, werden die Kranken bald, in der Regel schon am ersten Chinintage, fieberfrei und bleiben es auch vorläufig. Man muß aber trotzdem noch einige Tage weiter Chinin nehmen, denn wer immer nur gerade solange Chinin nimmt, als er Fieber hat, gerät bald in Gefahr, dem Malariasiechtum zu verfallen. Noch mindestens 5 Tage lang nach dem Abfallen des Fiebers muß das Chinin nachwirken; so lange nehmen Erwachsene täglich im ganzen 1 g Chinin in kleinen Einzeldosen, Kinder entsprechend weniger, aber ebenso lange.

Man darf dem Körper aber auch nicht zu lange und zu viel Chinin zuführen; denn das Mittel greift den Körper an. Der Satz „Viel hilft viel" gilt gerade für Chinin in sehr engen Grenzen. Nach den obigen Chinintagen folge daher eine 4tägige Pause, dann drei neue Chinintage, dann wieder eine Pause, dann wieder 3 Chinintage und 4 Tage Pause usw. 3—4 Wochen lang. Längere Chininkuren haben keinen Zweck, Rückfälle werden dadurch nicht verhindert. Jeder Rückfall ist wieder, wie oben geschildert, zu behandeln. In allen schwereren und hartnäckigeren Fällen, auch wenn Darmkatarrhe und Magenleiden die Aufnahme des Chinins erschweren, soll möglichst bald ein Arzt, der mit der Krankheit Bescheid weiß, hinzugezogen werden.

Bei starken Kopfschmerzen im Fieberanfall mache man kalte Umschläge, gebe kühle Flüssigkeiten (Tee, Zitronensaft und dergl.) zu trinken. Der Appetit liegt im Anfall und für die nächsten Tage danach meist ganz darnieder, man bekämpfe aber den Widerwillen gegen die Aufnahme von Nahrung und gebe sobald als möglich leichte Speisen. Andere Medikamente als Chinin sollten von Laien nicht angewandt werden. Alkohol kann bei der Behandlung der Malaria ganz entbehrt werden. In der Rekonvaleszenz sind Eisenpräparate neben guter Ernährung von Nutzen. Arsen darf nur nach ärztlicher Verordnung genommen werden. Im übrigen solle man nie vergessen, daß diese Arzneien und viele andere dazu nur Hilfsmittel darstellen, um die Blutneubildung und die allgemeine Genesung zu befördern. Sie vermögen das Chinin nie zu ersetzen, weil sie nicht auf die Malariaerreger selbst einwirken.

Man kann das Chinin auch zur V e r h ü t u n g des Erkrankens an Malaria benutzen (C h i n i n p r o p h y l a x e), namentlich dort, wo die Malaria nur zu gewissen Jahreszeiten (z. B. im Spätsommer und Herbst) stark verbreitet und gefährlich auftritt (Saisonmalaria). Da gilt es, den Körper für eine gewisse Zeit dauernd derart unter Chininwirkung zu halten, daß die etwa in ihn eingedrungenen Fieberkeime durch das Chinin an der Weiterentwicklung und Vermehrung verhindert und schließlich abgetötet werden. Dazu genügt es, jeden 4. Tag ein Gramm Chinin (in Teildosen) oder an jedem 6.—7. Tage je ein Gramm Chinin, also mit 5tägiger Pause zu nehmen. Auch das tägliche Einnehmen von kleineren Chiningaben (0,4 g) ist empfohlen worden. Ganz zuverlässig ist keine Methode, aber sie helfen in sehr vielen Fällen gut über die Fieberzeit hinweg und haben, auch wenn sie Fieberanfälle nicht verscheucht haben, doch meist zur Folge, daß diese Fieberanfälle nur leicht auftreten und nur selten einen bedrohlichen Charakter zeigen. Man muß diese Chininprophylaxe, auch nachdem die Hauptfieberzeit vorüber ist, noch 5—6 Wochen fortsetzen.

Die Keime der Malaria gelangen in den Körper durch den Stich blutsaugender Insekten, die in Norddeutschland Mücken, in Süddeutschland Schnaken genannt werden. In den wärmeren Ländern heißen sie gemeinhin Moskitos. Es gibt von diesen Stechmücken sehr viele Arten, aber nur eine davon, die sogenannte Gabelmücke (Anophelesmücke), die allerdings sehr viele Unterarten hat, kommt für die Übertragung der Malariakeime in Betracht. In dieser Mückenart vermögen sich die Kleinlebewesen der Malaria, die in den roten Blutkörpern des Menschen schmarotzen, zu halten und stark zu vermehren, wenn sie mit Blut, das von Malariakranken stammt, von der Mücke aufgesaugt werden. Eine solche Mücke bleibt dann während ihres ganzen Lebens (mehrere Monate) infiziert und überträgt bei jedem Stich einige Keime in das Blut des gestochenen Menschen. Daher ist es wichtig, diese Anophelesmücke, ihre Eigenschaften und Gewohnheiten kennen zu lernen, damit man sich vor ihren Stichen tunlichst schützen — das Moskitonetz ist eines der besten Schutzmittel gegen Malaria — und sie von den menschlichen Wohnungen fernhalten kann. Eine Beschreibung der Mücke und ihrer Gewohnheiten, sowie Schutz- und Bekämpfungsmaßnahmen gegen sie sollen weiter unten (s. S. 39) gegeben werden, hier mag vorläufig nur darauf hingewiesen werden, daß zur Unterstützung der Chininprophylaxe und Verhütung einer Malariaerkrankung von größter Wichtigkeit ist, daß man seinen Wohnplatz — abgesehen von zu vermeidender Nähe natürlicher Sümpfe, Lagunen, Flußläufe und dergl. — auch nicht in unmittelbarer Nähe von Häusern der Eingeborenen aufschlägt und sein Haus namentlich des Nachts möglichst von Farbigen freihält. Die Eingeborenen haben sehr häufig Malariakeime in ihrem Blut; fast durchweg sind in Malariagegenden ihre Kinder infiziert. Deshalb finden sich in der Umgebung von Farbigen, namentlich von Kindern und Weibern — die Weiber haben ja meist Kinder um sich — immer infizierte Mücken und bringen den Weißen die Malaria. Man halte deshalb mindestens in Malariagegenden — in anderen Gegenden sprechen andere gesundheitliche Gründe dafür, ebenso zu handeln — sein Haus des Nachts tunlichst frei von farbigem Volk und lasse die Dienerschaft, höchstens einen erwachsenen Diener ausgenommen, weit abseits schlafen. Noch viel gefährlicher ist es natürlich, wenn man selbst in einer Negerhütte übernachten wollte. Da wimmelt es von infizierten Mücken. Wie mancher junge Mann hat wohl seine schwere Malaria — von anderen Krankheiten zu schweigen — oder seinen

Tod einer in einer Negerhütte leichtsinnig verbrachten Nacht zu verdanken. Indien ist stellenweise auch ein schweres Fieberland, aber die Malaria ist dort für die Weißen nirgends so gefährlich gewesen wie in Afrika, hauptsächlich wohl deshalb, weil der ganze Lebenszuschnitt für die Europäer von Anfang an reichlicher, herrenmäßiger und auch gesundheitlich besser eingerichtet war und weil vor allem in Indien die Europäer ihre Häuser getrennt von den Eingeborenenquartieren erbauten, während der junge Faktorist in Afrika seine Wellblechbude an vielen Orten auch jetzt noch mitten zwischen den Hütten der Eingeborenen errichtet.

Was von den eingeborenen Weibern mit ihren Kindern gilt, trifft natürlich auch für malariakranke europäische Hausgenossen zu. Auch sie bilden eine stete Gefahr für ihre Umgebung und man sollte überall darauf halten, daß diese Kranken — nicht bloß in ihrem eigenen Interesse, sondern ganz besonders im Interesse der Gesundheit der anderen — sofort und so lange gründlich mit Chinin behandelt werden, bis sie ihre Malaria wieder los sind. Es gibt bekanntlich in den Tropen noch viel mehr kluge Leute als bei uns, die von der Heilkunst viel mehr zu verstehen glauben als die Ärzte und die dann „ihre" Malaria mit „ihrer eigenen Methode" behandeln. Diese Methode besteht meist darin, daß sie alles mögliche schlucken, nur nicht genügende Mengen von Chinin. Solche Schrullen sollten von den Hausgenossen nicht geduldet werden.

Das **Schwarzwasserfieber** ist eine Folgeerscheinung der Malaria, deren Wesen wir noch nicht genau kennen; es kommt auch nicht in allen Malariagegenden vor. Schwarzwasserfieber tritt bei den dazu Veranlagten, insbesondere nach ungenügend behandelter Malaria, meist im Anschluß an eine Chiningabe auf, manchmal auch nach Erkältungen usw. Es äußert sich durch Schüttelfrost, hohes Fieber, Entleerung von dunkelrotem (beinahe braunschwarzem) Urin, Erbrechen, Gelbsucht und starke Blutarmut. Ein Versagen der Urinausscheidung bei Schwarzwasserfieber bedeutet Lebensgefahr!

Die Behandlung, soweit sie der Laie ausführen kann, besteht in strenger Bettruhe und reichlicher Verabfolgung von Getränk (warmem dünnen Tee), das man aber, wenn Brechneigung besteht, nur schluckweise und am besten aus einem Röhrchen, damit sich der Patient nicht aufrichten muß, saugen läßt; bei starkem Erbrechen kann man auch heiße Magenkompressen anwenden und einige Tropfen Jodtinktur in einem Glas Wasser verabreichen. Wenn die Urinausscheidung versagt, gebe man Darmeinläufe von lauwarmem Wasser, dem 1 gestrichener Teelöffel gewöhnlichen Kochsalzes auf $^1/_2$ Liter Wasser hinzugefügt ist und verhindere das sofortige Herausfließen des Einlaufs dadurch, daß der After für 20 Minuten mit Watte zugehalten wird. Wenn irgend möglich, ist ärztliche Hilfe sofort herbeizurufen, da die Krankheit häufig zum Tode führt. Unter keinen Umständen Chinin bei Schwarzwasserfieber geben!

Die beste Vorbeugung gegen das Schwarzwasserfieber ist regelrechte Behandlung und Nachbehandlung jedes Malariafalles und alles, was das Entstehen von Malaria verhüten kann, z. B. eine gut durchgeführte Chininprophylaxe.

3. Darmkrankheiten

Verdauungsstörungen und Darmkrankheiten bedrohen den Europäer in warmen Ländern mehr als in Europa. Allgemeinschädigungen, wie Erkältungen und sog. Diätfehler, d. h. Aufnahme unzweckmäßig zubereiteter oder schwer verdaulicher oder darmreizender Nahrungsmittel verursachen ja auch bei uns im Sommer häufiger derartige Zustände. Dazu kommt, daß auch solche Störungen, verursacht durch infektiöse (ansteckende) Krankheitserreger, in warmen Ländern häufiger sind als bei uns.

Vorbeugung von Darmkrankheiten.

Die beste Vorbeugung von Darmkrankheiten ist auch in warmen Ländern eine geregelte, vernunftgemäße Ernährung, deren beste Kontrolle ein normal gefärbter und geformter täglicher Stuhl ist. Wer schon in der Heimat an Verdauungsstörungen leidet, wird dem in warmen Ländern in der ersten Zeit noch mehr ausgesetzt sein, da sich der Körper der naturgemäß dort andersartigen Ernährung zunächst anpassen muß. — Die Verdauung beginnt bereits im Mund mit dem Kauakt und der Einspeichelung der Nahrung, daher gute Zahn- und Mundpflege (Zahnarzt vor der Abreise; Zahnpulver, Mundwasser, Zahnbürste)! Gerade in warmen Ländern zeigen sich bei manchen Verdauungskrankheiten — besonders auch bei kleinen Kindern — Blutungen und Bläschen an Zahnfleisch und Mundschleimhaut, die, wenn sie einmal da sind, schwer zu behandeln sind und sehr schmerzhaft sein können.

Zur Regelung der Verdauung muß in jeder Hausapotheke stets ein Vorrat von Abführmitteln, für Durchfälle von milde stopfenden Mitteln vorhanden sein.

Die spezielle Vorbeugung von Verdauungsstörungen durch Ernährungsfehler hat zur Grundlage die Kenntnis der zweckmäßigen Ernährung in dem betreffenden Gebiet (s. Abschnitt 16). Das Trinkwasser (s. S. 46 u. 47) spielt ebenfalls eine wichtige Rolle. Daß Kinder, die an Kuhmilch gewöhnt sind, oft Esel-, Stuten-, Ziegen-, Schaf-, Lama- und Guanakomilch zunächst weniger gut vertragen, sei bemerkt. Obst und zuviel Getränke gleichzeitig genossen, sind auch bei uns als sehr schädlich für die Verdauung bekannt;

dies beachte man besonders bei Kindern! Auch der übermäßige Genuß von Alkohol — vor allem der beliebten Whisky-Sodas — führt oft zu Verdauungsstörungen und dadurch zu Unterernährung, daß er Sättigungsgefühl vortäuscht (Früh- und Vesperschoppen). Gärende Getränke, von denen ja die Bewohner der meisten warmen Länder besondere zu brauen pflegen (Palmwein usw.) führen leicht zu Gasbildung im Darm, die wiederum die Ansiedlung und Vermehrung von verdauungsstörenden Pilzen (Bazillen, Hefen) fördern (Kennzeichen säuerlich riechende, tonfarbene, schäumende, weiche Stühle.)

Erkältungen sind eine überaus häufige Ursache für Verdauungsstörungen. Man erkältet sich bekanntlich am leichtesten im Sommer, so auch in warmen Gegenden, wo plötzliche Abkühlungen (Gewitter, Wind, Sonnenuntergang) so häufig sind. „Ein warmer Bauch", besonders bei Kindern, ist der beste Schutz; Europäer-Kinder haben in den Tropen meist zu wenig statt zu viel an; jedermann in den Tropen muß eine Leibbinde besitzen, die er stets zur Hand hat, um schon bei leichtesten Magenverstimmungen sie schnell anzulegen (dagegen empfiehlt sich dauerndes Tragen für Gesunde wegen Gefahr der Verweichlichung nicht).

Infektionskrankheiten der Verdauungsorgane.

Ansteckende Krankheiten der Verdauungsorgane kommen genau wie bei uns in Europa durch Verunreinigung von Nahrungs- und Genußmitteln mit krankheitserregenden Keimen (Bazillen, Urtierchen [Protozoen], Wurmeiern) zu stande. Diese Keime gelangen durch den Kot und Urin von Menschen und Tieren, die sie ausscheiden, auf bzw. in diese Nahrungsmittel. Solche „Keimträger" sind durchaus nicht immer krank und deshalb, wenn sie unerkannt in einer Gemeinschaft weilen und womöglich beruflich mit Nahrungsmitteln zu tun haben, oft die Ursache von Typhus- und Ruhrepidemien gewesen. Aber auch durch Düngung mit Kot können Salat, Gemüse und Früchte infiziert werden.

Abwässer von Jauchegruben, Aborten und Ställen können das Trink- und Badewasser mit Krankheitserregern verunreinigen (s. Seite 48); ebenso die Gewohnheit Eingeborener, Bäche und Teiche zum Baden — oft auch zum Kotabsetzen — zu benutzen.

Ferner sind es häufig Fliegen, die in den Tropen üppig gedeihen und, oft eine große Plage bildend, sich bald auf den im Freien abgesetzten Stuhlgang von Mensch und Tier, bald auf Früchte, Salat und fertig bereitete Nahrungsmittel setzen und bewiesenermaßen in heißen Gegenden Typhus, Ruhr und Cholera übertragen können (s. Seite 36). Daß natürlich auch der Urin, Stuhl und das Erbrochene solcher Kranken wie die von ihnen benutzte Bett- und Leibwäsche und Eßgefäße mit den Keimen verunreinigt sind und bei ungenügender Reinigung und schlechter Aufbewahrung eine Quelle für Ansteckung bilden, ist selbstverständlich. (Bei Pflege Darmkranker stets Waschschüssel und Seife neben dem Bett bereithalten!)

Verhalten bei Darmkrankheiten: Bei allen Darmstörungen, ob sie durch Diätfehler oder Ansteckung mit Krankheitskeimen verursacht sind, ist es zweckmäßig, gleich abführen zu lassen; das schadet niemals und entfernt entweder die Nahrungsgifte oder eine große Zahl der Krankheitserreger, ehe sie sich fest angesiedelt und weiter im Körper verbreitet haben. Bei Durchfall mit Leibschmerzen gleich stopfende Mittel (wie Belladonna oder Opium) zu nehmen, ist — wenn es auch für den Augenblick angenehm ist — das Verkehrteste, was man tun kann. Bei jeder ernsteren Darmstörung, besonders solcher mit Fieber, sofort Bettruhe und strenge Diät (Tee, Schleimsuppen); wenn irgend angängig, ist ein Arzt zu Rate zu ziehen. Nirgends schadet übertriebene Selbstbehandlung mehr als in warmen Ländern!

* * *

Von den Darminfektionskrankheiten sind Typhus, Ruhr, Cholera die wichtigsten. Für alle drei gilt vor allem, daß man da an sie denkt, wo akute Darmerkrankungen mit Durchfall und evtl. Fieber nicht vereinzelt, sondern gehäuft (sei es in derselben Wohnungs- bzw. Siedelungsgemeinschaft, sei es im ganzen Dorf) auftreten; man spricht dann von einer Epidemie und muß bei deren Verdacht baldigst für ärztliche Hilfe sorgen.

a) Unterleibstyphus. Hier ist zu bemerken, daß wir unter Typhus (auch Nervenfieber genannt) bei uns den durch Typhusbazillen verursachten Unterleibstyphus verstehen, während man im Ausland vielfach als Typhus (englisch gesprochen Teifus) den Flecktyphus, das Fleckfieber (siehe S. 24) bezeichnet und den Unterleibstyphus Typhoidfieber (englisch teifoid gesprochen) nennt. Bei Unterleibstyphus tritt hohes Fieber auf, das meist auch morgens hoch bleibt, auf Chinin nicht heruntergeht; anfangs oft Verstopfung, nach einigen Tagen Durchfall mit erbsenbreiartigen Stühlen; aufgetriebener Leib, belegte, rot umränderte Zunge; bei schwerem Fieber wird der Kranke benommen, unruhig mit Delirien; auf dem Bauch können in der zweiten Woche kleine rote Fleckchen auftreten, die auf Fingerdruck auf kurze Zeit verschwinden. In Gegenden, in denen viel Typhus vorkommt, ist vorbeugende Impfung dagegen mit Typhus-Schutzstoff in Betracht zu ziehen. Bei der Behandlung ist Bettruhe und leicht verdauliche Nahrung die Hauptsache.

b) Cholera. Plötzliche Durchfälle, die bald wässerige Stuhlgänge zeigen. Hochgradige Schwäche mit raschem Kräfteverfall, bläuliche Verfärbung der Haut, Einsinken der Augen, oft ziehende und krampfartige Schmerzen in den Schenkeln und Waden. Viele Fälle verlaufen tötlich. Die Cholera tritt meist in Epidemien mit gehäuften Krankheitsfällen auf. Nicht jede einzelne Erkrankung mit wässerigen Stühlen braucht jedoch deshalb Cholera zu sein. Bei Auftreten von mehreren Fällen aber sofort Arzt holen. Behandlung: Zuerst Abführen, später Opium, falls Leibschmerzen sehr heftig, heiße Leibumschläge, reichlich warme Getränke. Auch gegen Cholera gibt es eine sehr wirksame vorbeugende Schutzimpfung.

c) Ruhr (Dysenterie). Die Ruhr kann durch Bazillen verursacht werden (sog. Bazillenruhr), und kommt in dieser Form ja auch in Europa vor; in den Tropen gibt es außerdem eine bösartigere Form, die später zu Leberabszessen führen kann, besonders wenn sie anfangs ungenügend behandelt wird, nämlich die durch kleinste Urtierchen (Ruhramöben) verursachte Amöbenruhr oder Tropenruhr.

Beide Ruhrarten zeichnen sich durch das Auftreten von blutig-schleimigen Stühlen aus, wobei bei Bazillenruhr meist auch Fieber besteht. Auch hier gilt es zunächst abzuführen, Diät und Bettruhe einzuhalten, bis ein Arzt erreichbar ist.

Bei der schwereren Form, der Tropenruhr, werden manchmal normal-geformte Stühle und dazwischen rein glasig-blutiger zäher Schleim (wie Himbeergelée) entleert. Wenn sie chronisch wird und solche Stühle dann seltener — besonders nach Diätfehlern, Alkoholgenuß — auftreten, werden die Leute oft gleichgültig dagegen und in der Behandlung nachlässig. Gerade solche Fälle führen dann aber — meist erst nach Jahren — zu den schweren, oft tötlichen Lebererkrankungen, wobei sich in der Leber große mit Eiter gefüllte Höhlen bilden, die operiert werden müssen. Zeichen von Leberabszeß bei früheren Ruhrkranken sind Schmerzen in der Lebergegend, die oft in die rechte Schulter ausstrahlen, fahle blaßgraue Hautfarbe, häufiges Frösteln abwechselnd mit Fieber, das morgens niedriger, abends höher ist. Bei derartigen Erscheinungen Arzt fragen!

4. Verschiedene Infektionskrankheiten

Außer den auch bei uns heimischen Infektionskrankheiten bedrohen den Menschen in fremden Ländern noch eine ganze Anzahl, die entweder vielen warmen Ländern gemeinsam sind oder nur in bestimmten Gebieten — zum Teil örtlich begrenzt — vorkommen. Die Grundzüge ihres Wesens muß der Auswanderer kennen, um gegebenenfalls an ihrer Erkennung, Bekämpfung und Ausrottung selbst im eigenen Interesse mithelfen zu können. Eine Gefahr kennen, ist stets eine gute Waffe zu ihrer Bekämpfung und das Wissen, von derartigen Seuchen bedroht zu sein, braucht deshalb den Auswanderer noch lange nicht in beständige Angst zu versetzen und abzuschrecken.

Im folgenden sollen daher ganz kurz einige der wichtigsten Infektionskrankheiten zusammengestellt werden. Wenn nichts besonderes bemerkt ist, besteht die einzige für den Laien mögliche Behandlung bis zum Eintreffen des Arztes in Bettruhe und Ernährung mit leicht verdaulicher Kost. Alle ansteckenden Kranken sind natürlich von den Gesunden abzusondern.

a) Pest: Eine durch den Pestbazillus verursachte Krankheit, die zumeist in Form der Beulen- oder Bubonenpest, seltener als Lungenpest auftritt.

Die Beulenpest ist besonders in Ostasien verbreitet, kommt aber auch recht oft in manchen mittel- und südamerikanischen Hafenstädten vor; auch in Mittelmeerländern und in Afrika gibt es Pestherde.

Die Pest der Menschen ist eng verknüpft mit einer Pest der Ratten, die unter diesen in milder Form jahrelang unbemerkt herrschen und durch Verschleppen solcher Ratten mit Schiffen sich durch den Seeverkehr weiter verbreiten kann. Besonders die schwarze Hausratte ist im Gegensatz zur Wanderratte oft Trägerin der Pest.

Von den Ratten wird die Pest untereinander und auf die Menschen durch deren Flöhe übertragen.

Die Beulenpest hat ihren Namen von den Drüsenschwellungen (= Bubonen), die sie verursacht. Solche Drüsenschwellungen entstehen an den Leistenbeugen, unter den Achseln, am Halse usw.; daneben tritt auch hohes Fieber auf. Die Drüsen können zur Vereiterung kommen. Die Sterblichkeit ist groß. Hilfe nur durch den Arzt möglich, daher Erkennen von Pestfällen wichtig! Besonders, wenn mehrere derartige Fälle auftreten und wenn vorher viele Ratten (auch bei Tage) im Hause oder Schiff, evtl. auch Rattensterben, beobachtet wurden, muß man daran denken.

Vorbeugung: Bekämpfung von Ratten und Ungeziefer.

Die Lungenpest, die öfters in großen Epidemien auftrat (z.B. China), verläuft meist unter dem Bild einer sehr schweren, fast stets tötlich endenden Lungenentzündung mit fast rein blutigem Auswurf und tritt fast nie vereinzelt auf. Die Pestbazillen werden im Auswurf entleert, der daher sehr gefährlich ist.

b) Pocken. Gegen die echten Pocken (Variola, auch schwarze Pocken genannt) schützt die in Deutschland seit Jahren zwangsweise eingeführte Impfung absolut sicher. Sie muß aber mehrmals im Leben ausgeführt sein. Jeder Auswanderer muß sich und die Seinen vor der Ausreise impfen lassen; in warmen Ländern dauert der Impfschutz kürzer und daher ist dort die Impfung alle 5 Jahre (bei Pockenepidemien stets) zu wiederholen.

In Ländern ohne Impfzwang (z. B. Südamerika) sterben jährlich Tausende an Pocken. Die Erscheinungen sind hohes Fieber, dem bald der Ausbruch von Pockenpusteln in Gesicht und am Körper folgt, die, wenn sie dicht sitzen, zusammenfließen, das Gesicht und die Augen verschwollen erscheinen lassen und die oft dann, mit zersetztem Blut gefüllt, schwärzlich werden (daher „schwarze Pocken") und schließlich vereitern. Sterblichkeit sehr groß.

Behandlung: Ist die Krankheit ausgebrochen, so nützt die Impfung nichts mehr. Sofort Arzt rufen. Erleichterung schafft Einpinseln mit Kaliumpermanganatlösung, Einölen des ganzen Körpers, auch des Gesichts (ölgetränkte Tücher) mit irgend erreichbarem nicht reizenden Öl (Kokosöl, Erdnußöl, Olivenöl, Leinöl), besser noch mit Glyzerin; dies hat möglichst frühzeitig zu geschehen. Verdunkeln des Zimmers, das aber gut durchlüftet sein muß; Fliegenschutz.

c) **Gelbfieber**: Diese hauptsächlich in Mittel- und Südamerika, besonders auch in manchen der dortigen Hafenstädte einheimische schwere Infektionskrankheit wird durch ganz bestimmte Stechmücken (Moskitos) übertragen. Diese in warmen Ländern weit verbreiteten Stechmücken (wissenschaftlicher Name: Stegomyia fasciata oder calopus) sind etwas zierlicher als unsere einheimischen „Schnaken", haben einen schwarzen Körper mit silbrigweißen Streifen (unterhalb des Kopfes leierartig gestaltet) und seitlichen, ebensolchen Tupfen und schwarzen Beinen mit weißen Ringen (s. Figur 1). Diese Mücken, die mit Vorliebe von der Zeit der Dämmerung bis morgens stechen, übertragen den Krankheitskeim: Letzterer ist allerdings noch nicht gesehen worden, da er wahrscheinlich kleiner ist, als unsere Mikroskope Dinge durch Vergrößerung sichtbar machen können. Wir wissen aber durch Experimente, daß dieser Gelbfiebererreger nur während der ersten drei Fiebertage im Blute des Kranken kreist. Eine Gelbfiebermücke, die diesen während dieser Zeit sticht, nimmt die Keime mit dem Blute auf und kann sie bei späteren Stichen wieder auf andere Menschen übertragen oder auf ihre Brut vererben. Es hat sich aber gezeigt, daß eine Mücke erst 11 Tage, nachdem sie die Keime aufgesogen hat, wieder gefährlich wird, da die Keime erst dann in ihr reif geworden sind, dann bleibt die Mücke aber lange Zeit übertragungsfähig.

Die Erscheinungen des Gelbfiebers sind: Beginn meist mit Schüttelfrost, dann hohes Fieber, schwereres Krankheitsgefühl; die Kranken riechen säuerlichsüß. Nach 3—4 Tagen starke Gelbsucht, Urin wird auch gelb und es kann das Fieber abnehmen und Heilung eintreten. Meist aber steigt das Fieber nach einigen Tagen wieder hoch, es kommt zu Blutungen aus Nase und Mund und zu Erbrechen schwarzer, kaffeesatzartiger Massen und zwischen dem 4. bis 10. Tage tritt der Tod ein.

Schutz vor Gelbfieber ist sehr einfach durch Bekämpfung der übertragenden Mücken. Jeder Kranke muß die ersten drei Tage streng unter Moskitonetzschutz liegen, damit sich keine Mücken infizieren. Dann wird das Krankenzimmer und am besten das Haus mit Schwefel (20 g auf den Kubikmeter Rauminhalt) ausgeräuchert, nachdem vorher alle Ritzen und Türspalten auf das sorgfältigste verstopft und verklebt sind. Außerdem ist in allen Gelbfiebergegenden ein allgemeiner großzügiger Kampf gegen Stechmücken einzuleiten. So ist Havanna, so ist Rio de Janeiro praktisch gelbfieberfrei gemacht worden.

Besonders in kleinen Hafenstädten Vorsicht und stets unter gutem Moskitonetz schlafen, in Zwischenhäfen vor der Dämmerung an Bord gehen!

d) Rückfallfieber: Eine besonders in Ost- und Südeuropa, Asien und manchen anderen Gegenden (auch Amerika) vorkommende Krankheit, die insofern der Malaria ähnelt, als schwere Fiebertage mit fieberfreien Tagen wechseln. Beim Rückfallfieber tritt plötzlich mehrtägiges hohes Fieber mit schweren Allgemeinerscheinungen (Kopfweh, Mattigkeit, Gelenkschmerzen, in schweren Fällen auch Blutungen aus Nase und Darm und Augenstörungen) auf, das nach einigen Tagen plötzlich abfällt; nach einer fieberfreien Pause, die von wenigen bis zu 14 Tagen, ja noch länger dauern kann, treten wieder Fiebertage auf und so können sich die „Rückfälle" noch mehrmals wiederholen. Meist tritt schließlich Heilung ein.

Die Krankheit wird durch Läuse und Zecken (je nach der Gegend) übertragen.

Behandlung: Kühle Packungen, Fiebermittel, als glänzend wirkendes Mittel hat sich das nur vom Arzt einzuspritzende Ehrlichsche Salvarsan (606) erwiesen.

e) Fleckfieber (Flecktyphus): Fleckfieber (in Mexiko Tabardillo, englisch Typhus — sprich Teifus — genannt) tritt häufiger in Gegenden mit ausgesprochenen kühlen Jahreszeiten und namentlich im Winter auf und herrscht epidemisch besonders da, wo Menschen unter ungünstigen hygienischen und sozialen Verhältnissen (Hungersnot, daher „Hungertyphus") dicht gedrängt zusammenwohnen, z. B. in Gefängnissen, Armenhäusern, Kasernen usw.

Das Fleckfieber äußert sich durch schweres, plötzlich einsetzendes, meist 12—14 Tage anhaltendes Fieber mit fleckigem, am 3. bis 6. Tage beginnenden Ausschlag an Rumpf und Gliedmaßen, doch gibt es auch Fälle, wo dieser Ausschlag für Laien kaum sichtbar ist.

Die Krankheit wird durch Läuse übertragen und durch streng durchgeführte Läusevernichtung in allen befallenen Häusern, vor allem durch Desinfektion der Wäsche, Kleider und Betten bekämpft. Die Befallenen müssen streng isoliert werden.

Die erste Hilfe besteht in Bettruhe und Abführmittel. Spezielle Heilmittel gegen Flecktyphus sind unbekannt.

f) Maltafieber oder Mittelmeerfieber: (englisch undulant fever): Eine zuerst in Mittelmeerländern, dann auch in anderen Ländern, z. B. in Amerika (Texas und Mexiko), beobachtete

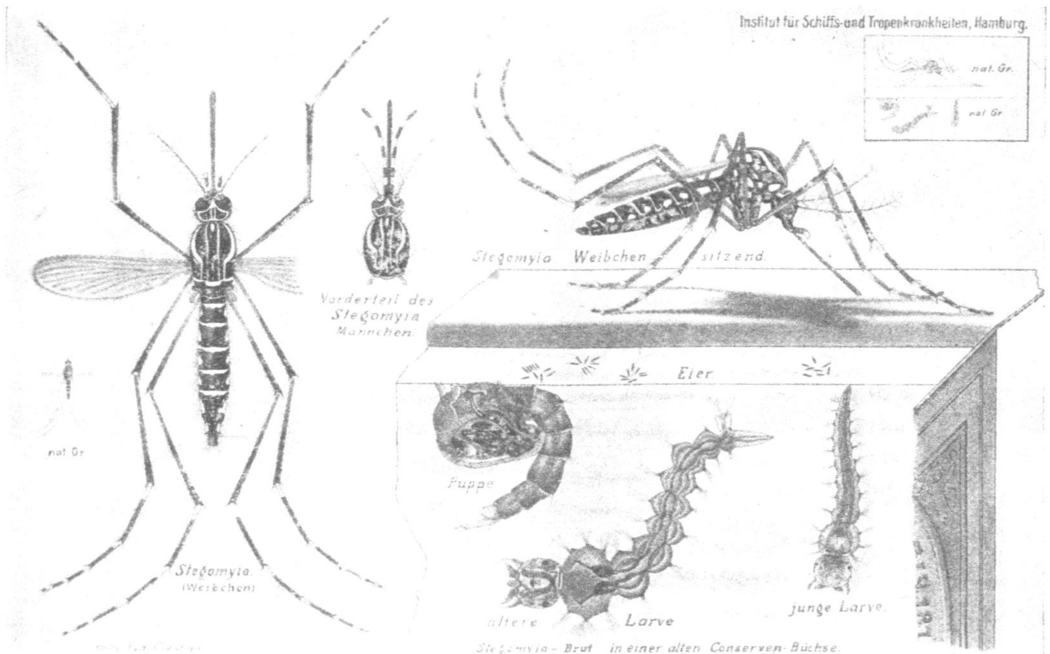

Fig. 1. Die Gelbfiebermücke und ihre Entwicklung (s. auch Abschnitt 13).

Krankheit, die sich durch die wellenförmige („undulant") Art des Fieberverlaufs auszeichnet, d. h. langsam von Tag zu Tag höher steigendes und nach 1—3 Wochen wieder allmählich abfallendes Fieber, worauf eine fieberfreie Pause von mehreren Tagen bis Wochen folgt, dann wieder eine „Fieberwelle" und so fort abwechselnd Monate bis länger als ein Jahr hindurch. Dabei bestehen oft außer Schlaflosigkeit, Nervosität, Gelenkschmerzen kaum Beschwerden, nur werden die Leute sehr angegriffen. Die Krankheit heilt fast stets aus.

Das Maltafieber ist ursprünglich eine (kaum oder gar nicht sich äußernde) Krankheit von Ziegen und Schafen, wobei der Erreger, ein winziger Bazillus, mit der Milch ausgeschieden wird. Es ging von den als Zuchtziegen viel verbreiteten Maltaziegen aus. Seuchenhaftes Verwerfen der Ziegen ist stets verdächtig. Kochen der Milch genügt, um sich vor der Krankheit zu schützen; verdächtige Tiere abschlachten.

g) Denguefieber (3 bis 7-Tagefieber) u. Pappatacifieber: Eine besonders in Küstenstädten Ostasiens, aber auch des Mittelmeeres und anderen Gebieten manchmal plötzlich epidemisch auftretende gutartige Infektionskrankheit, die oft ganze Städte bzw. Schiffsbesatzungen befällt. Sie beginnt ganz plötzlich mit schwerem Krankheitsgefühl, Gelenk- und Muskelschmerzen, oft treten nach einigen Tagen Hautausschläge auf. Man fühlt sich für einige Tage totelend, doch klingt das Fieber meist nach drei Tagen ab, manchmal um am 6. und 7. nochmal hoch zu gehen (daher 3- und 7-Tagefieber). Da Einzelfälle nicht, sondern fast gleichzeitig zahlreiche Fälle vorkommen, ist das Erkennen leicht.

Behandlung: allgemeine Fieberbehandlung; nach Heilung besteht oft noch lange Mattigkeit (wie nach Influenza).

Überträger sind Stechmücken, wahrscheinlich verschiedene, darunter gewöhnliche Mücken (Culex) und winzig kleine, sog. „Pappataci" (latein. Phlebotomus).

h) Lepra oder Aussatz: Diese früher in der ganzen Welt verbreitete Seuche herrscht noch vielfach — besonders unter Eingeborenen — in warmen Ländern, während sie durch strenge Absonderung der Kranken für Lebenszeit in anderen Ländern verschwunden ist.

Sie wird durch die den Tuberkelbazillen ähnlichen Leprabazillen verursacht, die in den Geschwüren und vor allem im Nasenschleim der Leprösen sich finden und so (durch Niesen, Berührung usw.) verbreitet werden. Die Krankheit beginnt oft erst nach Jahren sichtbar zu werden und verläuft schleichend 10—20—30 Jahre. Beginnend mit Flecken, Gefühllosigkeit und Knoten der Haut, führt sie später zu schweren Verstümmelungen des Gesichts und der Glieder mit offenen Geschwüren.

Schutz: Fernhalten von verdächtigen Bettlern und Prostituierten — besonders in Hafenstädten —; bei geringstem Verdacht solcher Erkrankung bei farbiger Umgebung sofort Arzt und Behörde benachrichtigen. Heilung sehr selten; strenge Absonderung von den Gesunden in Lepraheimen schützt vor Weiterverbreitung. Es haben sich schon oft Europäer in Südamerika, ohne zu wissen wie, mit Aussatz angesteckt.

Einige seltenere und örtlich begrenzte Infektionskrankheiten sind:

i) Die **Orientbeule**, (für die es zahllose lokale Benennungen gibt) an unbedeckten Körperstellen, besonders im Gesicht und an den Armen, mit Knötchen beginnende Geschwüre, die auch auf die Schleimhaut von Nase und Mund (bes. in Süd- und Mittelamerika) übergehen, und viele Monate bis ein Jahr dauern können. Die Orientbeule wird besonders in Kleinasien, Mittelmeerländern, Süd- und Mittelamerika beobachtet und durch stechende Insekten zu bestimmten Jahreszeiten verbreitet. Außer aufzustreichenden Salben und Verbänden gibt es raschheilende Mittel, die der Arzt in die Blutgefäße einspritzen muß (Brechweinsteinlösung).

k) Die **Verruga peruviana** und Carrionsches Fieber sind in bestimmten Distrikten der Anden Peru's beobachtete Infektionskrankheiten mit Fieber und Warzenbildung auf der Haut.

l) Die afrikanische **Schlafkrankheit**, im tropischen Afrika an den Uferdistrikten der Seen und Flüsse vorkommend, wird durch die sog. Tsetsefliege verbreitet, die eine Art von Urtierchen (Trypanosomen) durch ihren Stich überimpft. Diese verursachen ein unregelmäßiges Fieber, später mit nervösen Erscheinungen, zuletzt mit Erregungszuständen und Schlafsucht. Es gibt bei rechtzeitigem Erkennen spezifische Heilmittel, die die Tropenärzte kennen.

5. Krankheiten der Atmungsorgane und Tuberkulose

Die Krankheiten der Atmungsorgane werden meist durch Erkältungen hervorgerufen. Erkältungskrankheiten entstehen in den Subtropen, namentlich im feuchtwarmen Küstenklima, bei starkem Wechsel der Temperatur zwischen Tag und Nacht und in gewissen Jahreszeiten, besonders in den Regen- und Übergangszeiten. Bei solchem Temperaturwechsel empfiehlt es sich, abends wärmere Kleider zu tragen und namentlich bei Ausflügen für die Rückkehr den Mantel mitzunehmen. Mitunter kann auch trockene Hitze, namentlich wenn mit Sandstürmen verbunden, Entzündung der Luftwege veranlassen. Häufig beginnen diese mit Schnupfen oder Mandelentzündung.

Insbesondere die Mandelentzündung ist nicht immer harmlos. Nicht selten schließen sich Gelenkrheumatismus, Ohrenentzündungen

u. a. m. an. Auch beginnt die Diphtherie mit Halsschmerzen und Schluckbeschwerden. Jeder Kranke mit fieberhafter Mandelentzündung gehört ins Bett. Behandlung: Feuchtwarme Halsumschläge, stündlich Gurgeln mit 3% Lösung von Alaun, chlorsaurem Kali oder mit weinroter Lösung von übermangansaurem Kali oder dergl. 1 g Aspirin innerlich lindert häufig die Beschwerden. — Bei Diphtherieverdacht ist Einspritzung von Diphtherie-Heilserum erforderlich. Um deren evtl. Notwendigkeit rechtzeitig feststellen zu können, ist es ratsam, daß bei allen heftigen Mandelentzündungen frühzeitig ein Arzt zu Rate gezogen wird.

Bei Kehlkopfentzündungen mit Heiserkeit, Husten und Auswurf meide man trockene staubige Luft und lasse völlig das Rauchen. Außer den bei Mandelentzündung genannten Mitteln empfiehlt sich noch Trinken von heißer Milch mit Selters, Einatmen von Salzwasser- oder Emser-Salz-Dämpfen sowie — wenn vorhanden — Schlucken von Emser oder Sodener Pastillen.

An Kehlkopfkatarrhe können sich Luftröhren- und Lungenentzündungen anschließen.

Lungenkatarrhe und -entzündungen bedürfen ebenfalls sofortiger Bettbehandlung. Besteht nach Krankheitsbeginn mit Frost, hohem Fieber, Seitenstechen, quälendem Husten oder rostfarbenem Auswurf Verdacht auf Lungenentzündung, so sorge man für baldige ärztliche Hilfe. Lungenentzündungen treten nicht selten auch im Verlaufe von Infektionskrankheiten (z. B. Grippe, Typhus, Malaria, Tuberkulose u. a.) auf. Erste Hilfeleistung: feuchtwarme Brustumschläge, Verhinderung von Herzschwäche durch häufiges Trinkenlassen kleiner Mengen Cognak, Wein oder starken Kaffees; leichtverdauliche kräftige Nährmittel: kräftige Fleisch- oder Hühnerbrühe mit Ei, rohe Eier mit Cognak oder Wein und Zucker, Sahne, Butter usw. Bei starker Atemnot evtl. Blutentziehung an der entzündeten Brustseite durch Schröpfköpfe oder Blutegel.

Der Ausbruch bzw. eine Verschlimmerung von Lungentuberkulose kann in den Subtropen begünstigt werden durch alle schwächenden, zu Blutarmut führenden Krankheiten (wie Malaria, Typhus, Ruhr, Grippe, Wurmkrankheit u. a.) sowie durch gesundheitschädliche klimatische Einflüsse und schlechte soziale Lebensbedingungen. Andererseits soll jedoch erwähnt werden, daß gewisse Klimata in den Subtropen einen günstigen Einfluß bei Tuberkulösen auszuüben imstande sind, insbesondere das Höhenklima dann, wenn keine häufigen schroffen Temperaturwechsel stattfinden. Trockenes, sonnenreiches Klima, womöglich in waldreichen Gegenden, bekommt Tuberkulösen am besten. Für Tuberkulöse dürfte eine Auswanderung zu dem Zwecke, in subtropischen Gegenden Heilung oder Besserung zu finden, wohl selten in Frage kommen, zumal da nur bestimmte fieberfreie, klimatisch günstige subtropische Gebiete wirklich gute Bedingungen für Tuberkulöse bieten. Andere Gegenden dagegen, in manchen Ländern die meisten, sind direkt schädlich für Lungenschwindsüchtige.

Die Tuberkulose ist in manchen subtropischen Ländern sehr verbreitet.

Die Lungentuberkulose oder Lungenschwindsucht äußert sich zu Beginn häufig „schleichend" in unbestimmten Symptomen wie trocknes Hüsteln mit wenig Auswurf, allgemeiner Schwäche, Blutarmut, Nachtschweißen, Temperaturerhöhungen, Schmerzen zwischen den Schulterblättern u. a. m. Nicht erkannte Lungentuberkulosen werden manchmal unter Diagnosen wie Magenkatarrh, Bleichsucht u. a. behandelt. — Nicht selten tritt als erstes deutliches Zeichen der Tuberkulose eine Lungenblutung („Blutsturz") auf. Bei jedem Verdacht auf Lungentuberkulose konsultiere man baldigst einen Arzt.

Lungenschwindsüchtige gehören wegen der Ansteckungsgefahr durch den entleerten, Tuberkelbazillen enthaltenden Auswurf unter dauernde ärztliche Kontrolle. Besondere, evtl. Lebensgefahr bilden für sie alle Erkältungseinflüsse, schroffe Wechsel zwischen Tages- und Nachttemperatur, zwischen Windstille und heftigen kühleren Winden, besonders in den schweißtreibenden, feuchtwarmen Küstenniederungen. Ferner können Komplikationen mit anderen Krankheiten, wie Malaria, Typhus, Dysenterie u. a. Lebensgefahr herbeiführen. Daher ist der Aufenthalt in Gegenden, in denen diese Krankheiten einheimisch sind, für Tuberkulöse sehr gefährlich.

6. Hautkrankheiten

Außer unseren einheimischen Hautkrankheiten finden sich im Ausland, besonders den warmen Ländern, noch zahlreiche andere, deren Verbreitung meist eng mit Unreinlichkeiten (sei es des Körpers, sei es der Leibwäsche) zusammenhängt.

Unter ihnen sind verschiedene ansteckend, Frambösie („Boubas" der Brasilianer), ferner unsere einheimische Krätze u. a. m. und der „Ringwurm", eine schuppende, in Ringen oder Bogen sich ausbreitende Flechte, die in der Mitte häufig ausheilt, so daß ringförmige, gerötete Zeichnungen entstehen. In den meisten Tropengegenden leiden die Eingeborenen an solchen Hautkrankheiten, die leicht durch Berührung auf andere Menschen übertragen werden können. Häufig spielt dabei die Wäsche eine große Rolle, da viele Keime bei mangelhaftem Kochen der Wäsche nicht vernichtet werden. Besonders zu beachten ist das Pflegepersonal der Kinder, das — auch aus anderen Gründen — zweckmäßig vor der Einstellung dem Arzt zur Untersuchung vorgestellt wird. Eingeborene Wärter oder Wärterinnen mit Flecken oder schuppenden Stellen auf der Haut sollen streng von der Kinderpflege ausgeschlossen werden.

Besondere Mittel gegen Hautkrankheiten kann man schwer angeben, da die meisten ärztlicher Behandlung bedürfen. In vielen Fällen, z. B. beim Ringwurm, hat sich Bepinseln der befallenen Stellen mit Ichthyol oder verdünnter Jodtinktur bewährt.

Ein besonders durch die feuchte Hitze bei unzweckmäßiger Kleidung infolge starken Schwitzens entstehendes Hautleiden ist der sog. „rote Hund", der an den Stellen, wo die Kleidung reibt, (Achseln, Hüften, Schenkelbeugen usw.) beginnt, sich aber bald als roter, Tag und Nacht juckender Hautausschlag verbreitet. Durch Reiben oder Kratzen nimmt er nur noch zu und es kann dadurch zu Entzündungen und Furunkelbildung kommen.

Mittel dagegen sind: Nicht beengende Kleidung, täglich mehrfaches Waschen mit reinem Wasser (nicht Salzwasser), Umschläge mit 1% Karbolsäurelösung und vor allem Einschränken des Trinkens, besonders auch des Biertrinkens.

7. Geschlechtskrankheiten

Geschlechtskrankheiten, besonders Syphilis und Tripper, sind in fast allen ausländischen Hafenstädten, namentlich in den wärmeren Gegenden, außerordentlich verbreitet, weil in den meisten Ländern eine sorgfältige Prostituierten-Kontrolle fehlt. Da die Geschlechtskrankheiten, namentlich die Syphilis, bei Europäern in den Tropen manchmal besonders schwer verlaufen, so kann nicht dringend genug vor dem Beischlaf mit eingeborenen und weißen Dirnen gewarnt werden.

Vorbeugung und Behandlung: Nach jedem außerehelichen Beischlaf sorgfältige Desinfektion der Geschlechtsteile: Sofort Wasserlassen, Waschung mit Seife, dann gründlich mit Sublimat 1 : 1000 oder weinroter Lösung von übermangansaurem Kali; Einträufeln von Protargol- oder Höllensteinlösung 1 : 1000 in die Harnröhre.

Bei Verdacht einer Ansteckung (Geschwüre an Geschlechtsteilen oder Jucken in der Harnröhre) sofort Arzt aufsuchen! Je eher die Behandlung, desto sicherer der Erfolg. Chronisch gewordene Leiden sind oft nur schwer oder nicht heilbar.

Geschlechtskranke haben sich solange jeden Beischlafes zu enthalten, bis sie vom Arzt als sicher geheilt bezeichnet sind. Jeder, der das nicht tut, macht sich durch Weiterübertragung einer gefährlichen Körperverletzung schuldig.

Kinder müssen besonders vor geschlechtskrankem Pflegepersonal behütet werden. Nicht selten erfolgt vom Pflegepersonal Tripperübertragung auf Kinder (auch auf Augen), indem z. B. Wärterinnen die Kinder mit ihrem Waschlappen oder Handtuch anstecken. — Syphiliskranke Ammen können Säuglinge anstecken.

8. Augenkrankheiten

Am gefährlichsten ist die sogen. „ägyptische Augenkrankheit" (Trachom), die in manchen Ländern sehr verbreitet ist. Die Übertragung geschieht, wie auch bei anderen ansteckenden Augenkrankheiten, durch Berührung mit von Kranken verunreinigten Gegenständen (Handtüchern, Schwämmen usw.), wohl auch recht häufig durch Fliegen, die namentlich bei Kindern viel an entzündeten Augen sitzen. Bei allen Augenkrankheiten ist baldmöglichst der Arzt zu befragen.

9. Frauenkrankheiten

Störungen von seiten der Geschlechtsorgane bei Frauen sind in warmen Ländern häufig. Teils sind es die veränderten klimatischen, teils die äußeren Lebensbedingungen, die sie verursachen. So werden Auswandererfrauen, die in der Heimat nicht schwer körperlich gearbeitet haben, draußen oft zu anstrengender körperlicher Tätigkeit gezwungen, ohne daß ihnen Zeit zu den nötigen Ruhepausen vergönnt ist. Die Folgen sind oft Senkungen und Abknickungen der Gebärmutter, die sich nicht immer nur durch örtliche Beschwerden, sondern sehr oft auch durch erhöhte Nervosität und Reizbarkeit äußern. Bei solchen Zuständen muß man mehr noch als in der Heimat an Frauenleiden denken und rechtzeitige ärztliche Untersuchungen veranlassen. Das gilt natürlich erst recht für Störungen der Periode, Schmerzen im Unterleib, Ausfluß usw. Regelmäßige Spülungen sollten nicht versäumt werden (daher muß jede Frau sich einen Irrigator mitnehmen!).

Die Geburten verlaufen bei gesunden Frauen in warmen Ländern nicht schwerer als bei uns; natürlich muß sich die schwangere Frau unter dem warmen Klima erst recht die nötige Schonung auferlegen. Wo ärztliche Hilfe nicht in der Nähe ist, sollte, wenn irgend möglich, jede Geburt im Hause vermieden und rechtzeitig ein geeigneter Ort (Hospital, Sanatorium usw.) zur Niederkunft aufgesucht werden.

Daß die stillende Frau eine peinlich saubere Brustpflege durchführen muß, ist selbstverständlich.

Örtliche Beschwerden seitens der Unterleibsorgane, die mit Fieber einhergehen, sind möglichst rasch dem Arzt zuzuführen. Manchmal sind solche Zustände durch Malaria verursacht und — wenn kein Arzt erreichbar — kann zunächst eine Behandlung mit Chinin versucht werden (näheres s. unter Malaria).

Geschlechtskrankheiten zu verheimlichen, bedeutet eine große Gefahr für die Familie, und durch Nichtbehandlung oder Vernachlässigung kann sich eine Frau dabei für ihr ganzes Leben unglücklich machen.

10. Kinderkrankheiten

Dem Klima werden manche Kinderkrankheiten zur Last gelegt, die in Wirklichkeit eine Folge schlechter Haltung der Kinder sind.

Der Säugling kann im warmen Klima bei richtiger Pflege sehr wohl gedeihen. Grundbedingung hierfür ist sachgemäße Ernährung. Die Mutter muß versuchen, das Kind möglichst lange selbst zu nähren. Ebenso wie bei uns in Europa sterben draußen viel mehr Flaschenkinder als Brustkinder. Für das Säugen der Kinder gelten dieselben Regeln wie in der Heimat, d. h. alle 3—4 Stunden trinken lassen, von abends 10 Uhr bis morgens 6 Uhr Ruhe. Kann die Mutter nicht nähren, so ist, wenn möglich, eine Amme zu suchen. Diese muß natürlich genau auf ansteckende Krankheiten, besonders Syphilis und Hautkrankheiten, untersucht werden. — Ist auch das Halten einer Amme nicht möglich, so muß Tier-, am besten Kuhmilch gegeben werden. Auch hier gelten die in der Heimat üblichen Regeln: zunächst Verdünnung von 1 Teil Kuhmilch auf 2 Teile Nähr- oder Milchzuckerwasser (Soxhletzucker). — Alle Getränke müssen selbstverständlich mit peinlichster Sorgfalt sterilisiert sein (am besten Soxhletapparat). Insbesondere müssen auch Kochtöpfe, Flaschen und Sauger stets sorgfältig reingehalten und vor Verschmutzung geschützt aufbewahrt werden. — Eine Mutter, die ihr Kind lieb hat, besorgt alle diese Reinigungen und die Zubereitung der Milch selbst. — Ebenso soll sich die Mutter um die Rein- und Trockenhaltung des Kindes kümmern.

Die gefährlichsten Säuglingskrankheiten sind: Magendarmkatarrhe und Malaria (siehe unter Malaria). Magendarmkatarrh kann außer durch die Nahrung durch Einwirkung von Erkältungseinflüssen auf den Leib bedingt sein. Sie bedürfen von vornherein sorgfältigster Behandlung: Abführmittel, z. B. Fencheltee und Calomel 0,03, dann Haferwasser. Warme trockne Leibpackung.

Man muß immer daran denken, daß hinter Erscheinungen von Magendarmkatarrh, Blutarmut, Krämpfen und dergl. eine Malaria versteckt sein kann und auf Malaria untersuchen lassen.

Auch an Wurmkrankheiten ist bei allen kranken blassen Kindern stets zu denken. Nicht nur Hakenwürmer (s. Seite 33), sondern auch Spulwürmer und andere treten, zumal bei Kindern, manchmal in solchen Mengen auf, daß die Kinder sehr darunter leiden (Verdauungs- und nervöse Beschwerden mannigfacher Art und Blutarmut.) Die sog. „infektiösen Kinderkrankheiten" (Scharlach, Masern, Diphtherie) kommen in den wärmeren Ländern auch vor, aber selten in solchen Epidemien wie sie manchmal bei uns in den Großstädten auftreten.

Bei Verdacht auf eine Infektionskrankheit hole man möglichst bald einen Arzt und halte bis dahin das kranke Kind von anderen Kindern isoliert.

Gegen die Pocken schützt die Pockenimpfung im 1., 10. und 20. Lebensjahre; in den warmen Ländern wiederholt man die Impfung alle 5 Jahre.

11. Wundbehandlung

Jede Verletzung, auch die kleinste Riß- oder Quetschwunde, muß im warmen Klima besonders sorgfältig — möglichst mit desinfizierenden Flüssigkeiten (Sublimat 1 : 1000, Kresolseifenlösung oder Lysol 3%, essigsaure Tonerde oder dergl.) — gereinigt und behandelt werden. Wundnähte soll der Laie nicht selbst anlegen (auch nicht Gipsverbände bei Knochenbrüchen). Verunreinigte Wunden, auch aufgekratzte Insektenstiche, gehen nicht selten in böse, schwer heilbare Geschwüre über, so insbesondere an den Beinen über dem Schienbein und an den Knöcheln. Es entstehen dann die sog. „tropischen Unterschenkelgeschwüre," zu denen Leute mit Krampfadern besonders veranlagt sind. Behandlung bei eiternden Wunden Umschläge mit essigsaurer Tonerdelösung oder Bestreichen mit grauer Quecksilbersalbe.

Über Knochenbrüche usw. siehe auch den Anhang über die erste Hilfe bei Unglücksfällen.

12. Eingeweidewürmer und andere Schmarotzer der warmen Länder

Die Erkrankung an Eingeweidewürmern spielt in den warmen Ländern eine viel größere Rolle als bei uns in Deutschland; denn außer unseren gewöhnlichen Eingeweidewürmern (Spulwürmern, Bandwürmern usw.) kommen dort noch solche vor, die es bei uns in Deutschland nicht gibt.

Da die wegen ihrer Kleinheit mit bloßem Auge unsichtbare Wurmbrut meist mit Wasser und Nahrung in den Körper gelangt, so hüte man sich vor verschmutztem Wasser in ungekochtem Zustand, reinige und schäle rohe Früchte und vermeide rohen Blattsalat (s. Abschnitt 16).

a) Bandwürmer und Trichinen: Bandwürmer werden durch finniges Rind- und Schweinefleisch, Trichinen durch trichinöses Schweinefleisch erworben; durch völliges Durchkochen und Durchbraten des Fleisches werden die Finnen und Trichinen aber getötet und unschädlich gemacht. In Ländern, wo nicht wie in Deutschland das Schweinefleisch auf Trichinen mikroskopisch untersucht wird, genieße man es nur gehörig durchgekocht oder durchgebraten (auch geräucherter Schinken kann noch lebende Trichinen enthalten); die Trichinenkrankheit ist sehr gefährlich und schmerzhaft und endet oft tödlich!

b) Der Hakenwurm: Fast überall in den warmen Ländern, besonders auch in Südamerika, ist ein ganz besonders gefährlicher Eingeweidewurm, der Hakenwurm (Ankylostomum), sehr häufig und mit Recht gefürchtet. Aus Deutschland kennen wir den Hakenwurm nur aus einigen Kohlenbergwerken, wo er die „Wurmkrankheit der Bergleute" erzeugt[1], in den wärmeren Ländern hat aber stellenweise fast die ganze ländliche Bevölkerung darunter zu leiden und kann dadurch mehr oder weniger arbeitsunfähig werden. Man kann sich aber vor dieser gefährlichen Krankheit schützen, und wenn man sie doch erworben hat, können die Würmer durch rechtzeitige ärztliche Hilfe leicht wieder aus dem Körper entfernt werden.

Die Hakenwürmer sind nur etwa 1 cm lange, dünne Würmer, die sich aber oft zu vielen Hunderten im Darm festbeißen. Sie führen zu fortschreitender Blutarmut, die sich durch Blässe der Haut (die Nägel erscheinen weiß statt rosa), Herzklopfen, leichte Ermüdbarkeit, Kopfschmerzen, Schwindelgefühl, Schlaflosigkeit usw. äußert; dazu kommt Schmerz oder Druck in der Gegend des Magens, der gleich dem Darm bei der Hakenwurmkrankheit sehr launisch ist, indem bald Heißhunger, bald Appetitmangel, bald Durchfall und häufiger noch Verstopfung besteht; auch Fieber kann auftreten. Die Kranken können dabei erschreckend abmagern; in anderen Fällen täuscht Hautschwellung (gedunsenes Gesicht und „Wassersäcke" unter den Augen) sowie Auftreibung des Bauches ein wohlbeleibtes Aussehen vor. Besonders gefährlich ist die Hakenwurmkrankheit für Kinder, die dabei geistig und körperlich sehr zurückbleiben, so daß 14jährige wie 10jährige erschienen.

[1] Von den Nordamerikanern wird die Krankheit „Hookworm disease", in Brasilien „Oppilação", „Cancaço" oder Mal de terra („Maldeter"), in Kolumbien „Tuntun" genannt.

Wenn irgendwie Verdacht auf Hakenwürmer vorliegt, wende man sich sogleich an einen Arzt, der durch mikroskopische Untersuchungen des Kotes das Vorhandensein von Würmern feststellen und diese durch Wurmkuren, die ohne Störung der Berufstätigkeit durchführbar sind, abtreiben kann. Die Schwere der Erkrankung hängt von der Menge der vorhandenen Würmer ab; während beim Vorhandensein sehr zahlreicher Würmer ohne

Fig. 2. Gesundheitsgefährliche, schlechte Abortanlage (nach einer Abbildung der Rockefeller Sanitary Commission for the eradication of hookworm disease).

rechtzeitige Behandlung zuweilen Siechtum und Tod eintreten, können wenig Würmer ohne Krankheitszeichen ertragen werden. Aber auch die leichtesten Fälle müssen trotzdem ärztlich behandelt werden, da die Würmer anderen Krankheiten, wie z. B. der Lungenschwindsucht, den Boden vorbereiten, und ferner deshalb, weil jeder, der Hakenwürmer in seinem Darm beherbergt, zu einer Ansteckungsgefahr für seine Umgebung wird.

Die Eier des Hakenwurms werden nämlich in großen Mengen

mit dem Kot entleert und entwickeln sich im feuchten Erdboden zu winzig kleinen Würmchen. Diese können mit verunreinigtem Trinkwasser oder Speisen wieder in den Menschen gelangen und dort zu Hakenwürmern auswachsen, weit häufiger aber bohren sich die kleinen, mit bloßem Auge unsichtbaren Würmchen durch die gesunde Haut, besonders die der Füße, hindurch und gelangen

Fig. 3. Gute, auch fliegensichere Abortanlage (nach einer amerikanischen Abbildung).

schließlich auch zum Darme. So kommt es, daß die Landbevölkerung, die viel barfuß geht und mit Erde zu tun hat, überall viel mehr von der Krankheit befallen wird als die Städter, und ein sehr bewährtes Mittel, um Hakenwurmkrankheit zu vermeiden, ist daher das Tragen von Schuhzeug.

Damit die Hakenwurmbrut mit dem Kote nicht überall in den Erdboden verstreut wird, muß dessen Verschmutzung durch Anlage von Aborten verhindert werden. Gute Abortanlagen, die aber nicht nur von den Erwachsenen, sondern auch von den Kindern benutzt werden müssen, sind daher die beste Vorbeugung gegen die heimtückische Krankheit.

Eine gute **Abortanlage** ist in Fig. 3 abgebildet. Die Brille muß einen gut schließenden Deckel besitzen, die Abortfenster werden mit Drahtgaze versehen, die Tür wird so eingesetzt, daß sie von selbst zufällt (s. S. 41). Eine solche Abortanlage hält auch die Fliegen, welche im Kote brüten, von diesen fern; da die Hausfliegen sich abwechselnd auf den Kot und auf unsere Nahrung setzen, übertragen sie sehr häufig Krankheiten, vor allem auch die gefürchtete Ruhr (s. Seite 19)! Die geringe Mühe und Ausgaben, die auf eine gute Abortanlage verwendet werden, machen sich überreich bezahlt! Anlagen wie Fig. 2 sind wertlos; weit besser ist dann schon eine einfache Abortgrube, wennschon eine solche bei feuchtem Boden auch nicht ganz sicher gegen Hakenwurmverbreitung schützt. (Am besten sind Wasserklosetts.)

Menschenkot soll aber schon der anderen Schmarotzer wegen — niemals im Garten, höchstens auf dem Felde, zum Düngen benutzt werden. Bleibt Kot unvermischt 10 Tage in den vollen Kübeln stehen, so stirbt die Hakenwurmbrut darin ab.

c) Der Bilharziawurm: In manchen wärmeren Ländern ist das Baden in Flüssen und Seen, vor allem aber in Teichen und Tümpeln deshalb gefährlich, weil dabei mit bloßem Auge unsichtbare Würmchen, die es bei uns in Deutschland nicht gibt, durch die Haut hindurch in den Körper einwandern und, dort heranwachsend, eine Krankheit, die Bilharziakrankheit genannt wird, verursachen. Diese Krankheit führt in Südamerika zu einer Art von Ruhr (Schleim und Blut im Kote), in anderen Weltgegenden kommt es außerdem zur Entleerung von blutigem Urin. Man erkundige sich bei den Ärzten des Landes, ob bezw. in welchen Gewässern das Baden dort gefährlich ist.

d) Fliegenmaden in Ohr und Nase: In einigen Ländern, besonders in Südamerika, werden Menschen auch zuweilen von Fliegenmaden, die sich in Ohr und Nase festsetzen, befallen. Dies geschieht besonders bei im Freien Schlafenden, zumal wenn sie an übelriechenden Ausflüssen aus Ohr oder Nase leiden, welche die betreffenden Fliegenarten anlocken. Das Eindringen der Fliegenmaden verrät sich durch unerträgliche Schmerzen, blutigeitrigen Ausfluß aus Ohr oder Nase, Anschwellung in der Umgebung der befallenen Teile und Fieber. Da die Krankheit sehr gefährlich, ja tödlich werden kann, wende man sich sofort an einen Arzt.

e) Fliegenmaden in der Haut: Harmlos, aber recht unangenehm sind in kleinen Beulen der Haut steckende Fliegenmaden, die in Südamerika als „Cuterebra" oder „Bixo berne" bekannt und den „Dasselbeulen" unserer heimischen Rinder ähnlich sind. Man drücke die Made heraus oder ersticke sie vorher durch ein fest aufgelegtes Pflaster oder durch Aufschmieren von Fett oder Öl.[1])

f) Der Sandfloh: Der Sandfloh, der sich in der Haut, besonders die der Zehenspitzen einbohrt und dort allmählich bis zur Größe einer kleinen Erbse anschwillt, kommt in Südamerika und in anderen warmen Ländern vor. Am wirksamsten schützt dagegen festes Schuhzeug. Eingedrungene Sandflöhe, die sich durch Jucken bemerkbar machen, entfernt man am besten am nächsten oder übernächsten Tage, wenn die Flöhe schon etwas angeschwollen sind, mit einer sauberen Nadel aus der vorher gut gewaschenen Zehe und verbindet dann die Stelle mit einem sauberen Läppchen. In Sandflohgegenden untersuche man seine Füße täglich auf Sandflöhe.

g) Blutegel. Durch Trinken von Wasser aus Tümpeln usw. können Blutegel in den Mund gelangen, die sich dann in Nase, Kehlkopf oder Luftröhre festsaugen und dadurch außer zu anhaltendem Hustenreiz, Atemnot und Erstickungsanfällen auch zu gefährlichen Blutungen führen können. Durch die Blutung aus Mund oder Nase und die örtlichen, je nach dem augenblicklichen Sitz des Egels wechselnden Reizerscheinungen wird der Verdacht auf das Vorhandensein eines solchen gelenkt. Ist der Blutegel noch zu sehen, so suche man ihn nach Betupfen mit starker Salzlösung mit einer Pinzette zu entfernen; gelingt das nicht, wende man sich baldigst an einen Arzt.

h) Landblutegel. Auch Landblutegel sind in manchen warmen Ländern eine gefürchtete Plage. Sie halten sich in feuchten Wäldern auf und lassen sich von Sträuchern und Bäumen auf die Vorübergehenden fallen, um sich an ihnen festzusaugen. Selbst dicke Kleidung ist kein absoluter Schutz dagegen. Die Bisse sind schmerzlos, können aber durch ihre Menge zu starken Blutverlusten führen. Man entferne festsitzende Egel erst nach Betupfen mit Säure oder starker Salzlösung, damit der Kopf nicht in der Wunde abreißt und dort zu Eiterungen führt; auch müssen die kleinen Wunden sorgsam verbunden werden.

13. Bekämpfung von Insekten und anderem Ungeziefer

Die Ungeziefer-Bekämpfung ist in den wärmeren und weniger kultivierten Ländern viel wichtiger als in Deutschland. Milben (Mieten), Zecken (Holzböcke), Läuse, Flöhe, Wanzen, Stechmücken

---

[1] Auch Holzböcke (Zecken) betupfe man mit Öl, wenn sie sich in der Haut festgebissen haben; sucht man sie ohne Vorbehandlung herauszuziehen, so bleibt der Kopf oft in der Haut stecken und eitert später heraus.

und stechende Fliegen von den kleinsten Gnitzen bis zu den großen Bremsen, aber auch nicht stechende Fliegen und ihre Maden bilden eine ungeheure Belästigung. Sie schädigen Menschen und Tiere nicht nur durch Störung des Schlafes, sondern auch dadurch, daß sie Krankheitskeime in den Körper einimpfen oder auf Lebensmittel übertragen können. Vieh unter einem Dache mit dem Menschen trägt wesentlich dazu bei, die Ungezieferplage zu erhöhen. In Betracht kommen besonders:

a) Krätzemilben[1]): Dagegen Einreiben der befallenen Körperteile mit einer Mischung von gleichen Teilen Perubalsam und Alkohol, dreimal nach je 24 Stunden. Während dieser Zeit am besten zu Bett liegen oder wenigstens das Unterzeug nicht wechseln. Am 4. Tage Wäsche ablegen, ein warmes Seifenbad, neue Leib- und Bettwäsche.

b) Kopfläuse. Bei Männern und Kindern wird der Kopf rasiert, und dann mit etwas Petroleum gewaschen. Bei Frauen werden die Haare gründlich mit Sabadillessig durchtränkt, dann in ein wollenes Tuch eingebunden und nach 24 Stunden gründlich mit Seifenwasser, gewaschen. Auch durch tägliches sorgfältiges Auskämmen mit dichtem Kamm lassen sich Kopfläuse beseitigen.

c) Filzläuse. Dagegen einmaliges gründliches Einreiben der befallenen Stellen (Schamgegend und Achselhöhle) mit grauer Quecksilbersalbe, Entfernung derselben nach 24 Stunden mit warmem Seifenbad.

d) Kleiderläuse. Man holt sich Läuse und manchmal gleich mit ihnen schwere Krankheit (s. Seite 24) durch Berührung mit unsauberen Menschen und Aufenthalt in unsauberen Räumen (Wirtshäusern usw). Durch regelmäßigen Wäschewechsel zwei mal die Woche wird ihre Anzahl niedergehalten. Verlauste Wäsche ist gründlich und so warm als möglich zu waschen! Um die Läuse und ihre Nachkommen durch Verhungern zu töten, reicht es aus, verlauste Sachen 39 Tage unbenutzt hängen zu lassen; an einem gleichmäßig warmen Ort (25°) genügen schon 15 Tage.

In öffentlichen Anstalten wird rasche Befreiung von Ungeziefer durch Wasserdampf (zerstört Leder!), durch Ausschwefeln oder durch Blausäure erreicht. Mit trockener Wärme kann man im

---

[1] Ähnliche Milben verursachen beim Vieh die Räude.
Die Tierläuse,- milben und -zecken werden in Rücksicht auf die Schädigung des Viehes in den subtropischen und tropischen Ländern vielfach energisch bekämpft unter Anleitung von Behörden und Versuchsstationen, denen die Ungezieferbekämpfung obliegt. Es liegt im Interesse der Ansiedler selbst, den Vorschlägen dieser Stellen nach Möglichkeit nachzukommen, um Verluste zu vermeiden. Die Bekämpfung besteht meist in Baden des Viehes in einer arsenikhaltigen (also giftigen!) Flüssigkeit.

Winke zur Erkennung der Fieber-Mücken.

Durchaus nicht alle mückenähnlichen Insekten sind **Stechmücken,** sondern dies sind **nur solche,** die einen zum Blutsaugen dienenden, **langen, dünnen Stechrüssel** besitzen.

Da gewisse Stechmücken-Arten, jedoch **nicht alle,** die Malaria von Mensch zu Mensch übertragen können, so ist es für jeden, der in Malariagegenden lebt, von Wichtigkeit, **„die fieberbringenden Anopheles-Mücken"** von den übrigen Stechmücken-Arten, besonders von „Culex, der gemeinen Stechmücke" zu unterscheiden.

Diesem Zwecke diene das folgende Merkverschen, in welchem die auf **Anopheles** bezüglichen Stichworte ein **a,** die auf **Culex** bezüglichen ein **u** enthalten :

Malaria machen Anophelen,
Die uns besonders **abends** quälen.
Von Culex aber wird gestochen
Zu jeder Stund ununterbrochen.

Sitzt **grad** die Mücke an der Wand
Mit **schwarz** geflecktem Flügelrand,
Hat man Anopheles entdeckt;
Culex ist **krumm** und **ungefleckt.**

Zuweilen kann dies Zeichen trügen,
Doch werden nie die Taster lügen:
Kurz nur dem Culex-Weib beschieden,
Sind **lang** sie bei Anopheliden.

(Da nur das böse Weibchen sticht,
So kümmern uns die Männchen nicht;
Ein Feder-Fühler schmückt den Mann,
Ein borst'ger zeigt das Weibchen an.)

Schon wenn sie noch im Kinderteich,
Erkennt Anopheles man gleich,
Der **wagrecht** auf dem Wasser ruht;
Herunter hängt die Culex-Brut.

Zur Beachtung! Man schlafe in Malariagegenden nie ohne ein **gut schließendes Moskitonetz!** Dieses schützt nicht nur gegen Malaria, sondern auch gegen das durch eine culexähnliche Mücke (Stegomyia fasciata) übertragene Gelbfieber und gegen die Filaria-Krankheit.

Überhaupt Vorsicht vor **allen blutsaugenden Insekten,** da auch Stechfliegen, Wanzen, Läuse und Zecken in den Tropen schwere Erkrankungen übertragen können.

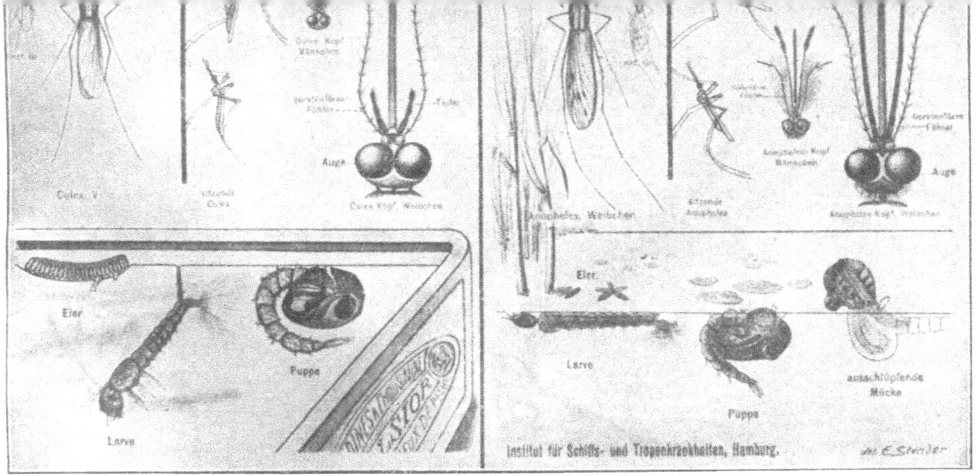

(Als Doppelpostkarte herausgegeben vom Institut für Schiffs- und Tropenkrankheiten zu Hamburg. Im Verlage von Conrad Behre, Hamburg, erhältlich.)

Fig. 4.

nicht zu heißen Backofen auch selbst entlausen, doch dürfen immer nur ein paar Stücke gleichzeitig hineingebracht und diese nicht übereinandergepackt werden, sonst dringt die Hitze nicht durch.

Sonne auf trockenem Boden genügt von Mai bis August zur Mittagszeit in subtropischen Ländern ebenfalls zur Zerstörung der Läuse in einer Stunde; auch Ameisen sammeln sie meist sehr sauber aus den Kleidungsstücken. Heißes Bügeln ist auch ein gutes Entlausungsmittel. Von Riechstoffen, seidenem Unterzeug usw. ist ein sicherer Schutz gegen Verlausung nicht zu erwarten.

e) Stechmücken (Schnaken, Moskitos) übertragen Malaria, Gelbfieber und andere Krankheiten. Daher ist ernstliche Bekämpfung derselben notwendig. Alle Stechmücken entstehen im Wasser und zwar nur an durch Kraut geschützten Stellen oder in ganz kleinen Wasseransammlungen (nicht in rascher Strömung) wo die wurmförmigen, lebhaft schwimmenden Jugendzustände, die „Mückenlarven" sich aufhalten: Speziell die Larven der Gelbfiebermücken (s. auch S. 23), wachsen in Menge in unserer nächsten Nähe heran, in Wassertonnen, ungebrauchten Töpfen, schlechten Dachrinnen, kleinen Pfützen usw.; in manchen Staaten werden diejenigen bestraft, bei denen solche „Mückenbrutplätze" gefunden werden. Um sich und die Seinigen vor der Fiebergefahr zu schützen, soll man keine Wasseransammlungen, die nicht dringend gebraucht werden, auch nicht die kleinsten, oder Gräben mit stehendem Wasser in seiner nächsten Nähe dulden! (Ableiten, Zuschütten oder Durchströmen mit fließendem Wasser, Freihalten der Gräben und Teichränder vom Pflanzenwuchs. Riesel-Anlagen, sofern das Wasser in den Gräben dauernd rasch fließt und die einzelnen Garten- resp. Wiesenstücke in regelmäßigen kurzen, etwa 5 tägigen Zwischenräumen wieder gut oberflächentrocken werden, bilden keine Mückenbrutplätze. Unentbehrliche Wasseransammlungen, z. B. Tonnen zum Begießen, Zisternen usw., sind entweder durch dichtes Zudecken mückensicher zu machen oder durch Begießen mit ganz wenig Petroleum, etwa 20 ccm auf 1 qm, so daß gerade ein vollständiger, schillernder Überzug entsteht, von Mückenlarven zu befreien. Der Petroleumüberzug ist im Sommer in 12—24 Stunden verdunstet und ist nach 8 Tagen zu erneuern; das Wasser kann dabei einen leichten Petroleumgeschmack annehmen.)

Die Mücken in den Wohnungen sind meist entweder Gelbfiebermücken oder Wechselfiebermücken; gefährlich werden sie allerdings nur, wenn sie vorher an einem Kranken (bzw. jemanden, der Wechselfieber gehabt hat), Krankheitskeime eingesogen haben, worüber bereits auf S. 6 u. 23 gesprochen ist. Speziell zur Aufnahme von Wechselfieberkeimen ist in tropischen und subtropischen Ländern viel Gelegenheit; daher möglichst alle Mücken totschlagen, besonders im Schlafraum! Sie verstecken sich gern in dunklen Ecken, daher keinen unnötigen Hausrat, sondern übersichtliche und hellgestrichene Zimmer.

Durch Bekämpfung der Mücken sind schon schwerverseuchte Gegenden von Malaria und Gelbfieber befreit worden.

Sehr nützlich ist Schlafen unter dem Moskitonetz, da die Wechselfiebermücken nur nachts stechen und das Moskitonetz auch gegen Gelbfieber schützt. Das Moskitonetz muß heil sein und keinen Schlitz zum Hineinkriechen haben, sondern man schlüpft von unten unter das Netz und steckt es dann rings herum unter der Matratze oder Schlafdecke fest, so daß den Mücken

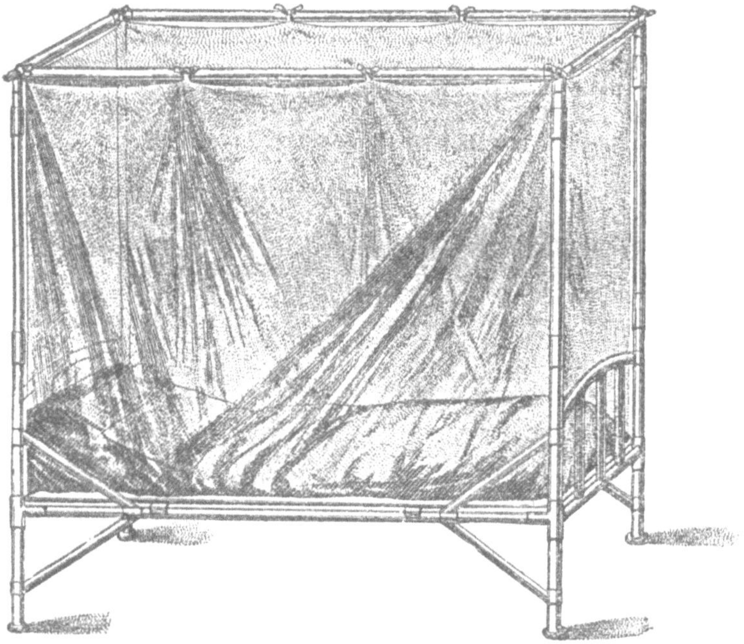

Fig. 5. Das richtig angebrachte Moskitonetz.

allseitig der Zugang verwehrt ist. Damit das Netz sich ordentlich unter die Matratze stecken läßt, muß es in das Netzgestänge hineingebunden und darf nicht etwa über das Gestänge herübergehängt werden (s. Fig. 5). Vor dem Zubettgehen ist das Netz auf Mücken abzusuchen.

Sehr zweckmäßig, aber kostspielig ist der Schutz des ganzen Hauses durch Drahtgaze, wodurch zugleich der Fliegenplage entgegengearbeitet wird. (Außen auf den Fensterrahmen, deren Flügel nach innen schlagen müssen, wird Drahtgaze mit Holzleisten aufgenagelt. Türen mit Drahtgaze-Einsatz zum Selbstschluß mit Feder oder schiefen Angeln; noch sicherer als einfache Türen sind Doppeltüren. Alle anderen Öffnungen des Hauses wie Luftschächte, Schornsteine, Küchenabläufe usw. müssen mit Drahtgaze gedichtet sein. Auch die Wände müssen dicht sein und dürfen keine Spalten oder Astlöcher haben.) Sehr angenehm ist Drahtgazeveranda an einer Seite des Hauses oder um das ganze Haus herum.

f) Kleine stechende Fliegen, die sog. „Pappataci-Fliegen", übertragen ein leichtes, kurzdauerndes Fieber (s. S. 25). Sie entwickeln sich besonders in Mauerritzen, Schutthaufen und dergl., daher Sauberhaltung aller Baulichkeiten, Beseitigung von Ruinen und dergl. empfehlenswert. Sie halten sich besonders gern in den Wohnungen auf und können mit Flöhen und Wanzen zusammen, vor allem in den subtropischen Gegenden, das Bewohnen der Häuser nachts unmöglich machen.

Wanzen. Da die Wanzen in den engsten Ritzen hausen, ist ihnen schwer beizukommen. Man tötet die Wanzen, indem man Petroleum oder Petroleumgemische (z. B. Petroleum 80 Teile, Seife 20 Teile, vor dem Gebrauch mit der 10fachen Menge Wasser verdünnt) oder Karbollösungen oder verdünnte Kresolseifenlösung (beide 5%) in die Ritzen bringt, doch ist der Erfolg nicht immer ein durchschlagender. Das Wegfangen der Wanzen abends mit der Taschenlampe sowie Anlocken zur Eiablage durch Wellpapier im Bett (Monat Mai auf der nördlichen Halbkugel), das dann alle 8 Tage verbrannt wird, führt ziemlich zum Ziel. Gegen Wanzen (und Flöhe) ist die Behandlung des Hauses mit dem sehr giftigen Blausäure-Gas das gründlichste, jedoch muß diese durch gelernte Desinfektoren vorgenommen werden. Auch Überhitzen der Häuser kann die gewünschte Wirkung haben. Beim Übernachten in verwanzten Räumen kommt auch gutes Insektenpulver in Betracht; mehr oder weniger schützt dies auch gegen anderes Ungeziefer.

g) Flöhe. Die madenartige Brut der Flöhe, die in den Fußbodenritzen lebt, ist gegen Feuchtigkeit empfindlich. Wiederholtes Aufwischen mit Petroleum, 5%iger Kresolseifenlösung oder Karbollösung ist nützlich, ebenso Einbringen von Teer in die Fußbödenritzen oder Entfernen der obersten Schicht eines gestampften Lehmfußbodens bzw. Ersatz des Lehmbodens durch einen neuen. Diese Maßnahmen müssen vor oder im allerersten Beginn der Floh-Jahreszeit durchgeführt werden; sind die Flöhe erst zahlreich, ist also die Brut ausgekommen, so nützen sie nichts mehr.

h) Hausfliegen. Die Maden der Hausfliegen leben in Schmutz und Unrat aller Art, besonders auch im Pferdemist. Je sauberer die Umgebung eines Hauses gehalten wird, um so geringerer wird die Fliegenplage. Empfehlenswert sind fliegensicher abgedeckte Gruben für Mist und Unrat; wenn Pferdemist alle 8 Tage restlos aus den Ställen entfernt und in dünner Schicht auf dem Acker ausgebreitet wird, so daß er völlig austrocknen kann, werden die darin abgelegten Fliegenmaden vernichtet. Eindrahten der Häuser schützt, wie bereits erwähnt, nicht nur gegen Mücken, sondern auch gegen die oft noch weit lästiger empfundene Fliegenplage. Um Fliegen möglichst fern zu halten, verdunkle man die Zimmer am Tage. Eingedrungene Fliegen klatsche man ab, fange sie mit Fliegenleim oder in Fliegengläsern oder benutze dagegen Fliegenpapier oder gutes Insektenpulver; auch eine in flachen Tellern aufgestellte Mischung von 100 Teilen gezuckerter Milch mit Zusatz von 5—10 Teilen Formalin leistet bei starker Fliegenplage recht gute Dienste, doch müssen die von dem Genuß der Formalinmilch betäubten Fliegen mehrmals am Tage zusammengekehrt und verbrannt werden, da viele davon sonst wieder aufleben. Über die Gefahr der Fliegen als Krankheitsüberträger und die Anlage fliegensicherer Aborte siehe S. 19 und S. 36.

i) Ameisen und Schaben. Zum Schutz gegen Ameisen bzw. „weiße Ameisen" (Termiten) und Schaben stelle man die Füße von Eßwarenbehältern usw. und auch die Bettfüße in mit Petroleum gefüllte alte Konservendosen. Um Ameisen zu töten, suche man ihre Straßen und Nester auf und übergieße letztere mit Petroleum. Gegen Schaben hilft eine Mischung von feinpulverisiertem Borax mit Zucker.

Über Zecken und Sandflöhe siehe Seite 37.

14. Behandlung von Schlangenbissen, Skorpionstichen usw.

1. Schlangenbisse.

a. Hat eine Giftschlange in ein Glied gebissen, so ist dieses oberhalb der Bißstelle sofort ganz fest zu umschnüren. Sitzt der Biß an einem Finger oder Zeh, so wird nur dieser eine Finger oder Zeh umschnürt, sitzt der Biß an Hand oder Fuß oder höher, so wird nicht der Unterarm oder der Unterschenkel, sondern Oberarm oder Oberschenkel abgeschnürt. Die Abschnürung an Finger und Zeh kann mit einem Bindfaden geschehen; um Oberarm oder Oberschenkel abzuschnüren, knote man ein Tuch lose über dem Gliede zusammen und drehe es alsdann durch einen hineingesteckten Holzknebel, ein Taschenmesser oder dergl. ganz fest. Sitzt der Biß nicht an den Gliedmaßen, so ist eine Abschnürung natürlich nicht ausführbar. Die Abschnürung darf nicht länger als im ganzen eine halbe Stunde liegen bleiben, sonst kann das Glied vollständig absterben, so daß es später abgenommen werden muß; auch während dieser halben Stunde ist die Abschnürung 1—2 mal für einige Sekunden zu lüften, damit das Blut wieder zuströmen kann, und dann wieder anzuziehen.

b. Man suche das Gift möglichst auszupressen und mit dem Munde auszusaugen, doch müssen die Lippen des aussaugenden Helfers unverletzt sein; die ausgesogene Flüssigkeit wird natürlich gründlich ausgespien.

c. Sobald als möglich wird durch die als kleine Punkte auf der Haut sichtbaren Einstiche der beiden Giftzähne hindurch in der Längsrichtung des verletzten Gliedes je ein etwa 1 cm tiefer und 2—3 cm langer Schnitt gelegt. Ausbrennen mit Pulver oder heißem Eisen und dergl. ist zwecklos und nur schädlich.

d. Um das Gift in der Wunde möglichst zu zerstören, wasche man sie nach dem Aufschneiden mit einer 1—3 prozentigen Lösung von Kalium permanganicum gründlich aus.[1]

Statt Kalium permanganicum kann man noch besser eine frischbereitete 2prozentige Chlorkalklösung[2] verwenden und ist eine Spritze mit Einstichnadel, wie sie die Ärzte zur Hauteinspritzung verwenden, zur Hand, so werden davon einige Kubikzentimeter unmittelbar um die Bißstelle herum eingespritzt. (Man kann zur Not auch Kalium permanganicum einspritzen, jedoch dieses nur in 1prozentiger Lösung.)

e. Auf die Wunde kommt ein feuchter Verband, am besten mit 2prozentiger Chlorkalklösung (sonst mit Alkohol oder einem anderen Desinfektionsmittel).

f. Reichlich warmes Getränk (Tee oder Kaffee) geben und schwitzen lassen. Auch Alkohol bis zur Trunkenheit wird empfohlen, jedoch darf er nur dann gegeben werden, wenn Schlangenbiß-Heilserum nicht gegeben werden kann, da er dessen Wirksamkeit hindert.

g. Natürlich muß jede Hilfe bei Schlangenbiß so schnell wie möglich geschehen, und man versuche, den Gebissenen sofort ärztlicher Behandlung zuzuführen; ist die beißende Schlange erlegt worden, so bringe man sie am besten zur Feststellung

[1] Kalium permanganicum sind die bekannten dunkelvioletten Kristalle, welche zu desinfizierendem Ausspülen auch sonst häufig gebraucht werden. Hat man kein Wasser zur Hand, so kann man die Kristalle zur Not auch direkt in die Schnittwunde einreiben. In Gegenden wo viele Giftschlangen sind, führe man ein Büchschen mit Kalium permanganicum stets bei sich, wenn man im Freien zu arbeiten hat.

[2] Die von der Firma Bayer & Co. angefertigten „Desazon-Röhrchen" — zur Entkeimung von nicht mit gröberen Teilchen verunreinigtem Trinkwasser bestimmt — enthalten in den weißen (I)Röhrchen 0,3 g Chlorkalk und ergeben mit einem knappen Eßlöffel gewöhnlichen Wassers eine nach wenigen Minuten zur Einspritzung gebrauchsfertige 2 prozentige Chlorkalklösung. Die nach dem Umrühren der Lösung entstandene Trübung steigt nach oben, so daß die Flüssigkeit aus dem unteren Teile des Mischgefäßes in die Spritze zu saugen ist. Der Rest der Lösung genügt zur Auswaschung der Wunde und zu einer Kompresse.

ihrer Art mit, da auch nicht giftige Schlangen beißen können. Der Arzt besitzt im Heilserum gegen Schlangenbiß ein, wenn rechtzeitig angewandt, oft noch lebenrettendes Mittel. In Gegenden, wo viele Giftschlangen sind, ist es zweckmäßig, dieses Heilserum und die dazu nötige Spritze in der Gemeinde vorrätig zu halten; wegen der Anwendungsweise des Heilserums wende man sich an einen einheimischen Arzt.

2. Andere Gifttiere. Skorpionstiche kann man wie Schlangenbisse behandeln, doch sind sie meist weit weniger gefährlich als letztere; zum Auswaschen der Wunde kann dabei auch Salmiakgeist (Ammoniak), der mit 5—10 Teilen Wasser verdünnt ist, verwendet werden. Dasselbe gilt von Bissen von Giftspinnen Bei Tausendfüßlerbissen genügen meist Umschläge von verdünntem Salmiakgeist; diese wende man auch bei Stichen von Bienen, Wespen und anderen Insekten an.

15. Klima, Hitzschlag, Sonnenstich

Beim Übergang in ein subtropisches Klima muß sich der Europäer ebenso wie in den Tropen „akklimatisieren": er muß sich vor allem an die ungewohnte Hitze und ihre Folgen gewöhnen bzw. sich vor ihren Schäden schützen lernen. Die meisten dieser Einwirkungen sind an anderer Stelle besprochen (s. unter Lungen- und Darmkrankheiten, Kinder-, Frauen-Krankheiten usw.).

Das Klima an und für sich braucht nicht ungesund zu sein. Unter „ungesundem Klima" sind sehr häufig solche Gegenden gemeint, in denen viele Krankheiten, vor allem Malaria und Gelbfieber einheimisch sind.

Gewisse, lediglich durch Hitze bedingte Krankheitszustände können an heißen Tagen auch bei uns vorkommen; in den heißen Gegenden sind sie aber, wenn man ihnen nicht vorbeugt, häufiger: Der Hitzschlag entsteht besonders nach anstrengender Tätigkeit oder Märschen bei feuchtem, heißen windstillen Wetter; der Sonnenstich dann, wenn man — namentlich in den Mittags- und ersten Nachmittagsstunden — ungeschützt der direkten Sonnenbestrahlung ausgesetzt ist. (Niemals unnötigerweise unbedeckten Hauptes in der Sonne stehen oder gehen! Ev. Tropenhut oder gut schützenden Strohhut tragen.)

Erste Hilfeleistung: Man legt den Kranken in den Schatten, befreit ihn von allen beengenden Bekleidungsstücken und sorgt für Abkühlung durch Übergießungen, kühle Packungen, Herbeiführen von künstlichem Luftzug durch Tücherschwenken und kühle Umschläge auf Kopf und Herz. Ev. auch bei schwerer Bewußtlosigkeit Darmeinläufe mit kühlem Wasser. — Bei Atmungsstillstand künstliche Atmung. Bei tiefer Bewußtlosigkeit Einreibungen mit belebenden Essenzen, Kampfereinspritzungen u. a. m.

16. Essen und Trinken in den wärmeren Ländern

Das Essen:

Im allgemeinen esse man in den wärmeren Ländern so, wie man es bei uns im heißen Sommer gewohnt ist, d. h. man bevorzuge Gemüse, Obst und Mehlspeisen vor Fleisch und fetten Gerichten, jedoch hat es sich für Europäer nicht bewährt, in den wärmeren Ländern ganz ausschließlich nur Pflanzenkost zu genießen; Milch und Eier ersetzen Fleisch, ebenso natürlich Fische, Krebse usw.

Konserven sollen immer nur ein Notbehelf sein; vom Kostenpunkte ganz abgesehen, ist eine hauptsächlich aus Konserven bestehende Nahrung auf die Dauer nicht bekömmlich und kann zu Skorbut, einer sich durch Mundfäule und Blutungen in Zahnfleisch und Haut äußernden schweren Krankheit führen. Es gibt in den wärmeren Ländern überall vielerlei Früchte und Gemüsearten, deren Verwertung man von den Einheimischen erlernen muß; gute Ratschläge findet man auch in dem „Kochbuch für die Tropen" von Antonie Brandeis, Dietrich Reimer, Berlin 1917.

In Gegenden, wo Reis die Hauptnahrung bildet, bevorzuge man den nicht völlig „geschälten" vor dem ganz weißen Reis, da mit der Reiskleie wertvolle Nahrungsstoffe verloren gehen und durch den fast ausschließlichen Genuß von geschältem Reis eine schwere Krankheit, die sich durch Lähmung und Herzstörung äußert (Beriberi), entstehen kann. Im übrigen ist Reis aber ein ganz vorzügliches gesundes Nahrungsmittel, zumal man daraus die allerverschiedensten Gerichte herstellen kann, ohne ihn sich überzuessen.

Da an der Schale roher Früchte leicht Krankheitskeime haften können, reibe man die Früchte vor dem Benutzen mit einem reinen Tuche ab und schäle sie dann. Erdbeeren und ähnliche Früchte, die sich nicht schälen lassen, wasche man gründlich mit einwandfreiem Wasser; und wenn man sie nicht im eigenen Garten gezogen hat, sondern sie vom Markte kaufen muß, verzichte man darauf, sie roh zu genießen; in Gegenden, wo Ruhr herrscht, und in Zeiten von Typhus- und Choleragefahr ist das nicht dringend genug zu raten. Zu Seuchenzeiten genießt man überhaupt alle Früchte besser in gekochtem Zustande, weil durch das Kochen etwa anhaftende Krankheitskeime sicher abgetötet werden, und ferner weil gekochtes Obst leichter verdaulich ist als rohes und schon durch ganz leichte Verdauungsstörungen der Körper für diese Krankheiten empfindlicher wird. Das Händewaschen vor dem Essen (auch bei Kindern!) ist zu Seuchenzeiten besonders notwendig.

Blattsalat (auch Kresse usw.), der selbst durch sorgfältiges Waschen sich nicht von Krankheitskeimen reinigen läßt und der auch durch die übliche Behandlung mit Essig und Öl nicht davon befreit wird, ist in den wärmeren Ländern ein sehr gefährliches Nahrungsmittel,[1] wennschon er an sich recht gesund ist und in Deutschland ungestraft genossen wird; als Gemüse gekocht, kann er natürlich ruhig gegessen werden. Roher Gurkensalat, Tomatensalat und andere Fruchtsalate bieten reichlich Ersatz für Blattsalat.

Über gesundheitsgemäße Zubereitung des Fleisches s. Seite 33; vor dem Genuß roher Austern ist wegen der Typhusgefahr im allgemeinen zu warnen.

In den meisten wärmeren Ländern wird mit allzuviel Gewürz (roter Pfeffer, Curry usw.) gesundheitsschädlicher Mißbrauch getrieben; anderseits ist aber ein mäßiges und abwechslungsreiches Würzen durchaus geraten, da der Körper bei Hitze ein Verlangen nach appetitanreizenden Speisen hat.

Das Trinken:

Wo kein absolut einwandfreies Wasser zur Verfügung steht (s. Seite 47), trinke man nur abgekochtes Wasser als ganz dünnen Tee, dünnen Kaffee oder den in Südamerika üblichen Matetee. Dies ist vor allem zu Epidemiezeiten, besonders bei Choleragefahr nicht dringend genug anzuraten. Ebenso wie das eigentliche Trinkwasser muß natürlich auch das zum Reinigen von Geschirr und besonders das zum Abwaschen roher Früchte, Verdünnen von Milch usw. benutzte Wasser einwandfrei sein; selbstverständlich auch das Wasser zum Mundspülen und Zähneputzen!

Auf Filter verlasse man sich nicht, da sie in der Hand des Laien doch nicht richtig funktionieren; benutzt man Filter, um trübes Wasser zu klären, so koche man das Wasser danach doch noch ab.

Zusatz von Eis, selbst Kunsteis, zum Trinkwasser ist in vielen Gegenden gefährlich, da das Eis häufig gesundheitschädliche Keime enthält. Will man Trinkwasser einwandfrei abkühlen, so stelle man es in geschlossenen Gefäßen in Eiswasser oder gieße es in poröse Tonkannen, in denen es sich — namentlich an zugigen Plätzen — bald infolge der Verdunstung des durchgeschwitzten Wassers abkühlt (diese Tonkannen müssen vorsichtig 1—2 mal wöchentlich mit kochendem Wasser gereinigt werden). Das gleiche erreicht man, wenn man Wasserflaschen mit einem feuchten Tuch umwickelt oder sie in einen nassen wollenen Strumpf steckt und so dem Luftzug aussetzt.

Im übrigen stillen warme Getränke, z. B. Tee, ebenso gut den Durst wie eisgekühlte, die, hastig getrunken, sehr oft zu Magen- und Darmstörungen Veranlassung geben und die Schweißab-

[1] Man dünge Salat niemals mit Menschenkot, wie das besonders bei den chinesischen Gärtnern üblich ist.

sonderung in lästiger Weise vermehren. Viele Leute vertragen eiskalte Getränke überhaupt nicht.

Nicht unbedenklich sind übrigens die im Auslande sehr häufig verunreinigten künstlichen Mineralwässer und Limonaden, besonders solche, die im Straßenhandel feilgehalten werden (letzteres gilt im hohen Maße auch für das im Straßenhandel verkaufte Fruchteis).

Man gewöhne sich daran, mit wenig Flüssigkeit auszukommen, und wenn möglich nur bei den Mahlzeiten zu trinken. Zuvieles Trinken belastet unnütz Herz, Nieren und Magen, macht nur lästigen Schweiß und dadurch bei feuchtwarmer Luft unangenehme Hautreizungen („roter Hund" s. S. 29); je mehr man trinkt, desto öfter muß man wieder trinken. Vieles Wassertrinken ist häufig nur Gewohnheitssache!

Alkohol ist in den wärmeren Ländern weit gefährlicher als in Europa; ein großer Teil von denjenigen, welche meinen, das „Tropenklima" nicht vertragen zu können, haben dies nur ihrer Unmäßigkeit im Alkoholgenuß zuzuschreiben. Je weniger Alkohol getrunken wird, desto besser! Wem es schwer wird, Maß zu halten, werde lieber ganz alkoholabstinent. Schnaps meide man ganz; das übliche Exportbier ist weit stärker als das deutsche Bier!

17. Erschließung des Trinkwassers

Die ansteckenden Darmkrankheiten: Typhus, Cholera und Dysenterie werden meist durch den Genuß verunreinigten Trinkwassers hervorgerufen.

Eine gute Trinkwasserversorgung ist eines der wichtigsten hygienischen Gebote für alle tropischen und subtropischen Länder.

Grundbedingungen für einwandfreies Trinkwasser sind einwandfreie Anlagen.

Für die Trinkwasserversorgung kommen in Frage:

1. Quellwasser. Die Umgebung der Quelle muß absolut sauber gehalten sein. An der Quelle selbst und in der ev. Leitung bis zur Entnahmestelle muß jede Verunreinigung des Wassers unmöglich sein. Die meisten Verunreinigungen geschehen durch von der Oberfläche her zufließendes verschmutztes Wasser oder durch schmutzige Schöpfeimer. Wenn irgendmöglich, ist die Wasserentnahme in Form von fortwährend fließenden Ablauf- oder von Zapfstellen einzurichten. Soll die Quelle nicht an ihrer Ursprungsstelle benutzt werden, so muß sie in einem geschlossenen Röhrensystem weitergeleitet werden. Eventuelle Wassersammelbassins sollen möglichst ausgemauert und völlig dicht verschlossen sein.

2. Grundwasser. Es wird gewonnen durch Brunnenanlage:

a. Abessynische Röhrenbrunnen: Ihre Anlage erfolgt am besten in sandigem Boden und mindestens 20 m entfernt von Klosettgruben, Müllgruben, Düngerhaufen, Abwässerkanälen und dergl. Die Eisenröhren sollen möglichst bis zu einer Tiefe von 4—5 m vorgetrieben werden.

Die in Deutschland so bewährten „Abessynier" sind allerdings nicht bei allen Bodenverhältnissen anwendbar.

Sehr wichtig ist die Abdichtung des Rohres nach oben und Sauberhaltung des Erdreiches in der Umgebung der Pumpe. Am besten ist es, das Rohr an der Oberfläche ringsum in Zement einzumauern und wenn möglich auch noch die Erde in 1 m Umkreis mit einem nach außen abfallenden Zementboden zu bedecken. Auch muß für dauernden guten Ablauf des vorbeifließenden Wassers gesorgt werden, damit keine Wassertümpel (Mückenbrutplätze) entstehen. — Sehr zweckmäßig ist es auch (namentlich, wenn die Zementierung nicht möglich ist) das Rohr zu „schleifen", d. h. so abzubiegen und dicht unter der Erde weiterzuleiten, daß die Pumpe einige Meter entfernt von dem gut verschlossenen Bohrloch zu stehen kommt.

b. Kesselbrunnen. Bezüglich der Wahl des Platzes gilt das unter a Gesagte. Kesselbrunnen sollen, wenn irgend möglich, gut ausgemauert und am besten auszementiert werden und durch Erhöhung der ausgemauerten Brunnenränder und guten Abschluß vor jeder Verunreinigung geschützt sein. Vor allem ist es wichtig, daß jeglicher Zufluß von „Oberflächen"-Wasser allermindestens bis 1 m Tiefe unter der Erdoberfläche verhindert wird. Ist sorgfältiges Ausmauern bezw. Zementieren nicht möglich, so kann man rings um den Brunnen von der Oberfläche bis zu etwa 1 m Tiefe und in einer Breite von etwa 30—60 cm eine Lehm- oder ähnliche undurchlässige Bodenschicht legen. Die Wasserentnahme erfolgt am besten durch eine Pumpe. Das Pumpenrohr wird, wenn irgend tunlich „geschleift" (siehe unter a) und der obere Rand des Brunnenschachtes wird gegen jede Verunreinigungsmöglichkeit von außen 1—2 Fuß über dem Erdboden wasserdicht abgedeckt. Wenn Pumpenanlage nicht möglich, erfolgt die Wasserentnahme durch festangeschlossene Schöpfgefäße mit Kette oder Stricken. Diese bedeuten allerdings eine große Verunreinigungsgefahr; um sie möglichst zu vermeiden, müssen die Eimer stets in einem den Brunnen überdachenden Häuschen aufgehängt bezw. auf einem Brett daselbst untergestellt bleiben. Kette oder Strick dürfen gleich dem Schöpfeimer vor allem niemals mit dem Erdboden in Berührung kommen.

3. Oberflächenwasser: Wasser aus Flüssen und Süßwasser-Seen wird erst nach Abkochen ungefährlich.

4. Regenwasser: Regenwasser kann, wenn sauber in Tonnen,

eisernen Tanks oder in einwandfreien ausgemauerten Zisternen gesammelt, ein brauchbares Trinkwasser liefern. Als Sammelflächen eignen sich am besten saubere Wellblechdächer mit einwandfreien Abläufen. Vor Beginn der periodischen Regengüsse muß man das zuerst aus den Dachrinnen ablaufende Schmutzwasser nach außen ablaufen lassen. — Für die Wasserentnahme aus den Zisternen gilt zum Teil das unter 2 b Gesagte. An den über der Erde befindlichen Wasserbassins, Regenwassertonnen und dergl. kann man Zapf- oder Abflußvorrichtungen anbringen. Über mückensicheren Abschluß von Zisternen und Brunnen siehe S. 39).

Hat man kein Trinkwasser aus einwandfreien Anlagen zur Verfügung, dann bleibt als stets sicherstes Desinfektionsmittel das Abkochen des Wassers.

18. Wohnung

Die Wohnung soll nach Möglichkeit Schutz gegen die schädlichen Klima-Einwirkungen und gegen Krankheiten geben. In zweiter Linie soll sie dem Bewohner ein angenehmer Aufenthalt zur Tages- und Nachtzeit sein.

In Malaria- und Gelbfieberländern ist das Wohnen in den mückenreichen Gegenden gefährlich, so insbesondere in der Nähe von Sümpfen, schlecht regulierten Flüssen und Gräben, in der Nähe von malariainfizierten Eingeborenenhäusern usw. (s. auch unter Malaria und Gelbfieber).

An luftigen, höher gelegenen trockenen Plätzen sind die übertragenden Mücken stets weniger zahlreich als in den schwülen feuchten Niederungen. Auch ist allgemein eine Wohnung, die der frischen Brise zugänglich ist, für die Gesundheit und das Wohlbefinden der Bewohner zuträglicher als eine dumpfe, feuchte Wohnung, in der man nachts kaum schlafen kann.

Die Wohnräume sollen hell, wenn möglich weiß gestrichen, sauber und gut ventilierbar sein. Doppeldächer und überdachte Veranden schützen ebenso wie dicke Steinmauern wesentlich vor der auch in den Subtropen manchmal enormen Sommerhitze. Schlafzimmer sollen geräumig und luftig sein. Wichtig ist auch das Badezimmer; ev. Notbehelf mit Brausen oder Sitzbadewannen mit Übergießungen. (Über Drahtgazeschutz und Moskitonetz siehe S. 40 u. 41).

Die Küche darf nicht neben dem Klosett liegen. — Über Abortanlagen siehe Seite 36.

Die Müllgruben sollen sich ebenfalls nicht in der Nähe der Küche befinden, vielmehr möglichst weit vom Hause entfernt und wenn möglich fliegensicher zugedeckt sein (s. auch Seite 41).

Überflüssige Anpflanzungen von hohem Gras und dichtem

Buschwerk in der Nähe von Wohnungen sind zu vermeiden, denn sie dienen als Moskitounterschlupfe.

Gründliche Abwässerbeseitigung ist sehr wichtig.

Wassertümpel, stehende Wassergräben mit Vegetation, leere Gefäße (Blechbüchsen und dergl.) sowie offene Regenwassertonnen sind Mückenbrutplätze!

19. Zusammenfassung

10 Gebote der Gesundheitspflege.

1. Wohne, wenn irgend möglich, nicht in niederen feuchtwarmen Gegenden und vor allem möglichst weit von farbigen Eingeborenen entfernt.
2. Trinke Wasser von nicht absolut sicher einwandsfreier Herkunft nur abgekocht, als Tee, Kaffee oder dergl.
3. Genieße in Epidemiezeiten von Cholera, Typhus und Ruhr keine ungekochten Speisen und Getränke.
4. Sei stets mäßig im Essen und Trinken (besonders Alkohol).
5. Lege bei geringster Magen- oder Darmverstimmung eine Leibbinde an und trage in der Tropensonne einen Tropenhut.
6. Schlafe in Fiebergegenden nie ohne Moskitonetz.
7. Vernichte Fliegen, Läuse, Flöhe, Zecken und insbesondere die Mücken und ihre Brut und beseitige ihre Brutstätten.
8. Sorge für einwandfreie Abortanlagen für Weiße und Eingeborene.
9. Lege dich bei allen Fiebererkrankungen zunächst ins Bett und behandle jede Wunde von vornherein sorgfältig.
10. Sei mäßig im Geschlechtsverkehr und hüte dich vor Ansteckung, besonders auch durch Eingeborene.

Anhang.

Erste Hilfe bei Unglücksfällen.

1. Schwere Blutungen, künstliche Blutstillung.

Man unterscheidet innere (im Körperinnern) und äußere Blutungen.

Innere Blutungen können dadurch angezeigt werden, daß das Blut durch Körperöffnungen nach außen gelangt, so bei Blutungen in den Luftwegen, Speiseröhre, Magen, Darm, Blase, Nieren und Gebärmutter. Hirnblutungen machen sich durch Auftreten von Bewußtlosigkeit und Lähmungen (Schlaganfall) bemerkbar; andere innere Blutungen eventuell durch schnell zunehmende Blässe, Herzschwäche und Kräfteverfall bis zu event. Kräfteversagen (Kollaps).

Bei jeder deutlichen stärkeren Blutung und selbst bei Verdacht auf eine solche ist schleunigst ärztliche Hilfe herbeizuholen. Bis zur Ankunft des Arztes ist der Kranke in liegende Ruhestellung zu bringen. Bei Aufregungszuständen sind Beruhigungsmittel (Morphium) zu geben. Wenn möglich sind Eisblasen oder Kaltwasserumschläge anzuwenden, so vor allem bei Hirnblutungen auf den Kopf, bei Nasenbluten auf Stirn und Nacken, bei Lungenblutungen auf die als schmerzhaft angegebene Lungenpartie (Oberkörper erhöht lagern!), bei Unterleibsblutungen auf die vermutliche Stelle der Blutung. — Bei krankhaften Blutungen aus der Gebärmutter (z. B. nach Geburten) kommen heiße Ausspülungen in Frage, die aber möglichst nur vom Arzt oder von Hebammen ausgeführt werden sollen.

Äußerliche Blutungen entstehen durch Verletzung von Schlagadern (hellrotes Blut) oder Blutadern (dunkelrotes Blut).

Bei jeder stärkeren Blutung muß die künstliche Blutstillung versucht werden durch einen sogen. Druckverband: Hochheben des Gliedes und festes Andrücken oder Umbinden eines großen Mull-Wattebausches auf die blutende Stelle. Steht die Blutung alsdann noch nicht, wie z. B. bei Verletzung von größeren Schlagadern, so hat die künstliche Blutstillung durch Abdrücken der blutzuführenden Adern zu erfolgen. Das geschieht für kürzere Zeit eventuell mit der Hand bezw. den Fingern, z. B. bei der Halsschlagader durch Andrücken der zwischen dem äußeren Kehlkopfrand und dem vorderen Rand des Kopfnickermuskels verlaufenden Ader gegen die Wirbelsäule. Ist längeres Abdrücken nötig, so macht man — insbesondere bei Blutungen an den Gliedmaßen — elastische Umschnürungen (mit Gummibinde, Hosenträger, Gummischlauch oder dergl.) zwischen der blutenden Stelle und dem Rumpf, so z. B. bei Blutungen am Unterarm oder unteren Teil des Oberarms am Oberarm oberhalb der blutenden Stelle; ähnlich so am Bein. Bei Blutungen in der oberen Hälfte des Oberarms komprimiert man mit der Hand in der Achselhöhle. Bei den Blutstillungen durch elastische Abschnürung ist folgendes zu beachten: Vor der Abschnürung ist das betreffende Glied hoch zu heben. Die Umschnürung wird unter mäßigem Anziehen der elastischen Binde etc. allmählich so fest angezogen, daß die Blutung steht. Die Wunde muß — ohne Berührung mit den Fingern — mit Gaze bedeckt werden. Im allgemeinen darf eine Umschnürung nicht länger als 1½—2 Stunden ununterbrochen liegen bleiben. Im Notfalle kann man die Abschnürung auch mit irgend einem Tuch oder einer Mullbinde machen.

2. Plötzliche Bewußtlosigkeit und Ohnmacht.

Sie können auftreten im Verlaufe von verschiedenen schweren Erkrankungen, bei Schlagfluß, Hitzschlag, Fallsucht, bei Gehirnerschütterungen und -verletzungen sowie auch bei anderen schweren Verletzungen, bei Vergiftungen durch betäubende Gifte oder Gase u. dergl.

Erste Hilfeleistung: Ruhe-Lagerung des Bewußtlosen mit erhöhtem Oberkörper auf ein luftiges Lager, Öffnen bezw. Entfernen aller überflüssigen Kleidungsstücke. Kalte Umschläge auf Kopf- und Herzgegend. Eventuell Einreiben der Schläfen mit kölnischem Wasser oder anderen belebenden Essenzen (wenn keine Kopfverletzung!); ferner bei anhaltender Ohnmacht starke Riechmittel (Salmiakgeist). Bearbeiten der Hände und Fußsohlen mit Bürsten und dergl., kalte Abklatschungen mit nassem Handtuch.

Bei Scheintod kommt die künstliche Atmung (s. weiter unten) in Anwendung.

3. Hitzschlag und Sonnenstich s. S. 44.

4. Einatmen schädlicher Gase.

Als solche kommen besonders in Frage: Leuchtgas, Grubengas, Kohlendunst, Kohlensäure, Chlorgase und Rauchvergiftung bei Bränden.

Erste Hilfeleistung: wie bei 2, vor allem frische Luft, eventuell künstliche Atmung und wenn möglich künstliche Sauerstoffzufuhr.

Bei Rettungsversuchen, z. B. in Kellern, Gruben und in mit Leuchtgas erfüllten Räumen, ist größte Vorsicht am Platze. Wenn irgend angängig, müssen vor dem Betreten Lüftungsversuche der vergasten Räume gemacht werden (Öffnen oder Einschlagen von Fenstern und Türen, Auspumpen der Luft oder dergl.), oder die Räume müssen mit Gas-Schutzvorrichtungen betreten werden.

5 Ertrinken.

Bei den aus dem Wasser gezogenen Ertrunkenen sind folgende erste Hilfeleistungen wichtig: Reinigen der Mund- und Rachenhöhle von Schlamm etc., Entfernen des verschluckten Wassers durch Hochheben des Körpers bei herabhängendem Kopf und eventuellem Druck auf die Magengegend. Sodann künstliche Atmung, evtl. 1—2 Stunden fortzusetzen, bis der sichere Tod festzustellen ist.

Die künstliche Atmung soll die natürliche Atmung ersetzen und wieder anregen. Die einfachste Methode ist folgende: Entkleidung des Oberkörpers; Lagerung flach auf die Erde mit leichter Erhöhung der Schultern durch Unterschieben einer Unterlage (zusammengerollte Kleider oder dergl.); Niederknien am Kopfe des Verunglückten; Anfassen beider Arme oberhalb der Ellenbogengelenke und Zurückziehen über den Kopf bis auf den Fußboden (Einatmung durch Ausdehnung des Brustkorbes); nach 1—2 Sekunden Andrücken beider Arme gegen die Mitte der Brust des Verunglückten (Ausatmung durch Zusammendrücken des Brustkorbs). Diese Bewegungen (künstliche Ein- und Ausatmung) werden gleichmäßig 10—15 mal in der Minute ausgeführt, bis eventuell regelmäßige selbsttätige Atmung eingetreten ist. Später als nach 2 Stunden ist ein Wiedereintritt der Atmung wohl nie zu erwarten.

6. Vergiftungen.

Erste Hilfeleistung: Sofort Arzt benachrichtigen, möglichst unter Angabe der mutmaßlichen Art der Vergiftung (eventuelle Giftreste, Speisereste, Erbrochenes aufheben!)

Bis zur Ankunft des Arztes: Erregen von Erbrechen, indem man dem Vergifteten einen Zeigefinger in den Rachen einführt. Vor dem Gebissenwerden schützt man sich durch Einführen eines Keils (Holzstück, Korken) zwischen die Zahnreihen.

Die Gegenmittel richten sich nach der Art der Vergiftung; sie werden vom Arzt verordnet.

7. Schlangen und andere giftige Bisse s. S. 42.

8. Verschlucken von Fremdkörpern.

Gelangen Flüssigkeiten oder sonstige Fremdkörper durch Verschlucken in Kehlkopf oder Lunge, so tritt starker Hustenreiz bis zu Erstickungsfällen auf.

Event. Hilfe: Beklopfen des Rückens; Hervorrufen von Erbrechen. Letzteres ist auch das erste Hilfsmittel bei Verschlucken oder Einklemmen von Fremdkörpern in die Speiseröhre.

9. Verbrennungen und Verätzungen.

Erste Hilfeleistung: Luftabschluß der Verbrennung durch Notverband mit Öl, Vaselin oder einem anderen Fett. Wenn vorhanden, evtl. auch „Brandbinde" oder Bepudern der verbrannten Stelle mit Mehl, Kreide, Wismuth oder dergl.

Bei Verätzungen durch Kalk Entfernen aller Kalkreste durch Wasserübergießungen (eventl. mit etwas Essig- oder Zitronensäure), dann Schutzverband wie vorher.

Bei Verätzungen mit Säuren Abspülungen mit Kalk-, Seifen- oder Sodawasser, eventl. auch Schutzverband mit Milch.

10. Knochenbrüche und Verrenkungen.

Beim Verdacht auf einen Knochenbruch sind alle Versuche der Feststellung der Art der Verletzung, evtl. Einrenkungsversuche usw. zu unterlassen. Kann der Arzt bald gerufen werden, so begnügt man sich damit, den verletzten Körperteil ruhig zu stellen, entstandene Wunden mit Gaze zu bedecken und event. starke Blutung nach den angegebenen Regeln zu stillen. Muß ein Transport stattfinden, so folgt, wenn eines der äußeren Gliedmaßen befallen ist, die Ruhigstellung durch Festlegen in gut gepolsterte Schienen. Als Notschienen eignen sich alle Gegenstände, die man nach Polsterung an dem gebrochenen Glied bequem befestigen kann; am besten sind rinnenförmige Schienen, die man sich aus einem Blechstück, aus Pappe, Wellpappe, Linoleum oder dergl. zurechtbiegen kann. Die Polsterung erfolgt mit Watte, Wolle, Stroh, Heu, Gras, Tüchern oder dergl. Die Schienung muß das nächste Gelenk mitumfassen. Die Befestigung der Schienen erfolgt mit Binden, Stricken, Riemen, Tüchern oder dergl. Alle Maßnahmen an den verletzten Körperteilen sind vorsichtig vorzunehmen, damit kein weiterer Schaden geschieht. Insbesondere muß man vorsichtig sein beim Aufheben von gebrochenen Gliedern; dabei muß man das Glied sowohl ober- wie unterhalb der Bruchstelle umfassen und evtl. beim Heben einen leichten Zug ausüben.

Bei sehr starken Blutergüssen unter die Haut kommt evtl. noch die Anwendung von kalten Kompressen oder Eisblasen in Frage.

Sachregister.

Chemische Industrie „Phoenix“ G. m. b. H.

Hamburg 27

Telegramm-Adresse: Urphoenix Fernspr.: Nordsee 3910

Bankkonto: Deutsche Bank, Filiale Hamburg, Depositen-Kasse G

Spezialfabrikation

in

Tropen-Arzneimitteln

für Auswanderer und Kolonisten

Bei Preisangabe Vorschläge auf Anfrage, je nach dem Bestimmungslande, unter Beratung eines alten Tropenkenners

Arznei- und Verbandkästen

für Farmen usw. in verschiedenen Ausführungen
mit Gebrauchsanweisungen für Laien
Solide tropenfeste Aufmachung
Erste Referenzen

Spezialhaus für Tropen- und Übersee-Ausrüstungen

für Farmer, Kaufleute, Beamte, Private
und Expeditionen

Lüttge & Braun, Hamburg I

Inhaber: Fr. Lüttge, Ferdinandstr. 69

gegenüber der Hamburg-Amerika-Linie

Unsere Spezialität: Lieferung sämtlicher Ausrüstungsartikel als Anzüge, Kopfbekleidung, Wäsche, Fußbekleidung, Badeartikel, Koffer Reise- und Jagdutensilien, Zelte, Zeltausrüstungen usw. für einzelne Herren und Expeditionen.

Auf Grund persönlich in den Tropen gesammelter Erfahrungen

Reise-Ausrüstungen

Wirtschaftsdienst

(Deutscher Volkswirt)

Herausgegeben vom

Hamburgischen Welt-Wirtschafts-Archiv

(Zentralstelle des Hamburgischen Kolonialinstituts)

Von führenden Männern der Praxis anerkannt als

erste deutsche Wirtschafts-Zeitschrift

Allwöchentlich:

Kritische Aufsätze

Regelmäßige Länderberichte

Weltwirtschaftliche Übersichten

Man verlange die kostenlose Zusendung von Probenummern und Prospekten durch das

Hamburgische Welt-Wirtschafts-Archiv

Hamburg 36, Rothenbaumschaussee 5

oder durch

unsere Vertretungen im Ausland:

Schweiz
Ernst Kuhn, Basel II, Gartenstr. 60

Oesterreich
Hermann Goldschmiedt, Wien, Wollzeile 11

Tschecho-Slowakei
K. Andre'sche Buchhandlung, Prag, Graben 969

Dänemark
A. Erslev, Kopenhagen, Kobmagergade 26

Spanien
Librería Nacional y Extranjera, Barcelona, Rambla Cataluña 72

Brasilien
Dr. Ed. Dannemann, Rio de Janeiro, Caixa 273

Argentinien, Chile, Uruguay
Kurt Wilhelmy, Buenos Aires (Zuschriften per Adresse A. Hartrodt)

Ibero-amerikanisches Institut

Hamburg, Rothenbaumchaussee 36
Telegr.-Adr.: Iberopost Hamburg

Veröffentlichungen des Instituts.

1. **La Cultura latino-americana.** Auslandskundliche Vierteljahreszeitschrift über Lateinamerika, mit Bibliographie aller literarischen Neuerscheinungen. Bd. I. M. 12.—; Bd. II in Vorbereitung.

2. **Bibliothek der Cultura latino-americana** (Otto Schulze Verlag, Cöthen) Bd. I. Van der Borght, Das Wirtschaftsleben Südamerikas, insbesondere in seinen Beziehungen zu Deutschland. 227 S. M. 8.40. Bd. II: Meißner, Das wirtschaftliche Vordringen der Nordamerikaner in Südamerika. 123 S. M. 5.—. Bd. III: Meißner. Argentiniens Handelsbeziehungen zu den Vereinigten Staaten von Amerika. 363 S. M. 14.—.

3. **«Spanien», Zeitschrift für Auslandskunde.** Organ des Verbandes Deutschland-Spanien. Vierteljährlich. (Verlag W. Bangert, Hamburg) Jahresabonnement M. 7.50 Einzelheft M. 2.—.

4. **Auslandswegweiser.** Herausgegeben in Gemeinschaft mit dem Hamburgischen Weltwirtschaftsarchiv. Bd. I. Stichel, Argentinien 2. Aufl. 1920. M. 5.—.

Durch alle Buchhandlungen des In- und Auslandes zu beziehen.

Deutsches Ausland-Institut Stuttgart

(Museum, Archiv, Bibliothek, Auskunfts- und Vermittlungsstelle)

Das Institut bezweckt:

Erforschung des Auslanddeutschtums, Aufrechterhaltung und Vertiefung der Beziehungen zwischen den im Auslande lebenden Deutschen und dem Heimatland, Förderung von Auslandkenntnissen im allgemeinen.

Das Institut gibt heraus:

1. **„Der Auslanddeutsche“**, Halbmonatsschrift für Auslanddeutschtum und Auslandkunde mit eigenen Auslandberichten. Monatlich 64 Seiten.
2. die **„Weltwirtschaft“**, Monatsschrift zur wissenschaftlichen und wirtschaftlichen Behandlung aller Fragen des Auslanddeutschtums (gemeinsam mit der D.W.G. Berlin).
3. **Schriftenreihen** historisch und juristisch-volkswirtschaftlich wissenschaftlicher Schriften.

Die **Auskunfts- und Vermittlungsstelle** unterstützt mit Rat und Tat alle jetzt in Deutschland lebenden Auslanddeutschen sowie

AUSWANDERER

Die **Stellenvermittlung** schafft Auslanddeutschen im Inlande Unterkommen und Beschäftigung.

Wem Deutschlands Weltgeltung am Herzen liegt, erwerbe die Mitgliedschaft.

Geschäftsstelle: Stuttgart, Neues Schloß.

Verlag von L. Friederichsen & Co., Hamburg

Drascher, Dr. W., Das Vordringen der Vereinigten Staaten im westindischen Mittelmeergebiet. Eine Studie über die Entwicklung u. die Methode des amerikanischen Imperialismus. gr. 8⁰. 105 S. u. 1 Karte. 1918. M. 4.—.

German, Ing. **Franz,** Mapa de la República de Bolivia. 1:2000000. 113,5 × 94 cm. Farbdruck. 1913. M. 30.—.

Heyse, Eug. **R.,** Mappa da Viaçao Ferrea de Sao Paulo et Partes dos Estados Vinzinhos. 1:1000000. 125 × 95 cm. Farbdruck 1912. M. 24.—.

Kunst, Dr. **Joh.,** Eine neue Karte des Alto Chocó (Kolumbien) und deren Grundlagen. gr. 8⁰. 57 S. u. 1 Karte. 1913. M. 4.80

Moura, Gintel de Assis, Mappa do Sul do Brazil. 1 : 2500000. 105 × 95 cm. Farbdruck. 1908. M. 24.—.

Plehn, Konsul **G.,** Die Wasser-Verwendung und -Verteilung im ariden Westen von Nordamerika unter Berücksichtigung der verschiedenen Methoden der Bewässerungswirtschaft. gr. 8⁰. VIII u. 85 S. m. 20 Abb. u. 1 Karte. 1911. M. 7.50.

Plehn, Konsul **G.,** Die Trockenfarmen im Westen der Vereinigten Staaten von Nordamerika und seine wirtschaftliche Bedeutung für die Erschließung regenarmer Gebiete. gr. 8⁰. 49 S. m. 14 Abb. u. 1 Karte. 1913. M. 2.50.

Sievers, Dr. **W.,** Venezuela. gr. 8⁰. VIII, 359 S. u. 1 Karte. 1888. M. 12.—.

—„—, Original-Routenkarte der Venezolanischen Cordillere. Bearbeitet von L. Friederichsen. 1:1000000. 73 × 46,5 cm. (Aus „Sievers, Venezuela“.) 1888. M. 4.80.

—„—, Geognostische Karte der Venezolanischen Cordillere. Bearbeitet von L. Friederichsen. 1:1000000. 81 × 59 cm. 1888. M. 4.80.

Sievers, Dr. **W.,** Zweite Reise in Venezuela 1892—1893. gr. 8⁰. III, 327 S. u. 1 Karte. 1896. M. 14.40.

—„—, Karte des Venezolanischen Gebirgslandes zwischen Coro und Trinidad. 1:1000000. 2 Blatt 40 × 50,5 cm. Farbdruck. (Aus: Sievers, II. Reise.) 1896. M. 7.20.

Stichel, Dr. rer. pol., **Bernhard,** Argentinien als Absatzgebiet der Eisenbahn-Bedarfs-Industrie, gr. 4⁰. 120 Seiten. 1916. M. 6.

Zu vorstehenden Preisen kommt der übliche Sortimenter-Zuschlag.

Bernhard Hadra-Apotheke
„Zum weißen Schwan"
Abteilung:
Medizinisch Pharmazeutische Fabrik und Export
Berlin C 2 Spandauerstr. 40 und Neue Friedrichstr. 59
Spezialhaus für medizinische
Uebersee-Ausrüstungen
empfiehlt
Apotheken für Auswanderer — Familien-Apotheken—Expeditions-Apotheken in jeder Größe in sachgemäßer Ausführung auf Grund 15jähriger Erfahrung
Malariamittel — Dysenteriemittel
Vieharzneimittel
Man verlange kostenlose Zusendung der Preisliste!

Südamerika
Monatsschrift für deutsche Auswanderung und Ansiedelung in Südamerika
Gegründet 1903 von José M. Greger
Älteste Auswandererzeitschrift Deutschlands
Preis vierteljährlich 3.15 Mk. (bei Zusendung als Drucksache)
Verlag und Redaktion: **Freiburg i. B.,** Reiterstraße 11

Alstertor-Apotheke
Hamburg Ferdinandsrr. 79
Spezialität Tropen-Apotheke
Zusammengestellte Medikament-Ausrüstungen für alle Weltteile

Apotheken-Ausrüstung

für die

Tropen

Spezialität der

Reichsadler-Apotheke

Hamburg

Pferdemarkt 12 Mönckebergstr.

FSC
www.fsc.org
MIX
Papier | Fördert gute Waldnutzung
FSC® C083411

Zeitfracht Medien GmbH
Ferdinand-Jühlke-Straße 7
99095 Erfurt, Deutschland
produktsicherheit@kolibri360.de